蔬菜豐收的黃金搭檔

超圖解！

土壤與肥料

加藤哲郎
監修

瑞昇文化

前言

就算播下風味佳、結果豐碩等擁有如此優秀特性的種子品種，如果土壤不適合生長，也沒辦法栽培成功。那麼，到底哪種土壤適合蔬菜的生長呢？其實就是有機物豐富、土質鬆軟、pH 值適當、保肥性佳、含有各種微生物或蚯蚓等豐富生物的土壤。

各位的農地土壤是什麼顏色呢？又是怎樣的觸感？黑色、咖啡色、柔軟、堅硬，想必天差地別。種植蔬菜的第一步，是從了解各式各樣的土壤特性開始。接著要根據其特性、pH、養分狀態等施放適當的肥料，並且施用堆肥或石灰等，藉由各種土壤對策，改良成適合蔬菜生長的土壤才是最重要的。

根據不同的農地，也會有蔬菜根系生長的耕作層太淺，或是排水不良等各種問題。然而，也沒有必要為了不適合種菜而放棄。就算是這樣的農地，只要作出高畦等想一些方法解決，也能體會到種菜的樂趣。在本書中針對各式各樣的土壤，並且預設田間的狀態，介紹其適合的整土方式。各位請根據自己田間的狀態開始整土。

話說各位在施肥時，是怎麼考量的呢？我想大多數人都是一邊想著「希望快點長大」而施肥，不過如此一來，很容易就會施肥過量。其實日本的農地大多有養分過剩的傾向。尤其是經常面積狹小，卻又施放大量肥料的家庭菜園，這種傾向特別明顯。雖然肥料是幫助蔬菜生長的重要資材，但是太多或太少都會對於蔬菜生長造成不良的影響。因此在種植前應事先調查土壤的養分狀態。

此外，市售的堆肥、石灰資材及肥料的種類極多。想必許多人都曾在店內選購資材時，因為過多的選項而眼花瞭亂吧。在本書中也會說明各式各樣資材的特徵。當然，每種蔬菜所需要的肥料成分和量都會有所差異。另外也會介紹每種蔬菜的施肥計畫，所以想必各位都能根據自己田間的土壤和想要栽培的蔬菜，找到最適合的資材。

不論是整土或挑選肥料，絕對不是一件難事。只要知道整土和挑選資材的重點，就能大大提升蔬菜的生長狀況。進一步理解土壤和肥料的知識，想必能讓栽培蔬菜更加充滿樂趣。

加藤哲郎

2016年8月

【目錄】Contents

第1章 一探土壤究竟

第2章

一探肥料究竟

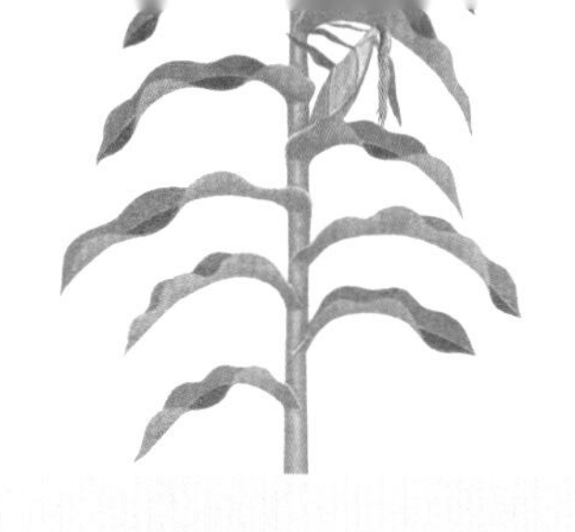

第3章

進階的整土

第4章

不同蔬菜的施肥計畫

第1章

一探土壤究竟

想知道關於土壤的這些知識！

「整土」是從了解土壤開始。學習堆肥和石灰等資材的特徵，選擇適合的種類吧。

想知道
什麼才是
好的土壤

>>P12~15

想知道自己
田間的
土壤狀態

>>P16~26

想知道
整土的基本

>>P29~33,P44~46

堆肥的種類太多了。
想知道如何
挑選適合的類型

>>P34~40

想試看看
自己製作堆肥

>>P42~43

石灰資材的種類
太多了。想知道如何
挑選適合的類型

>>P47~50

想將有問題的
農地進行
土壤改良

>>P51~59

優良土壤的條件是什麼？

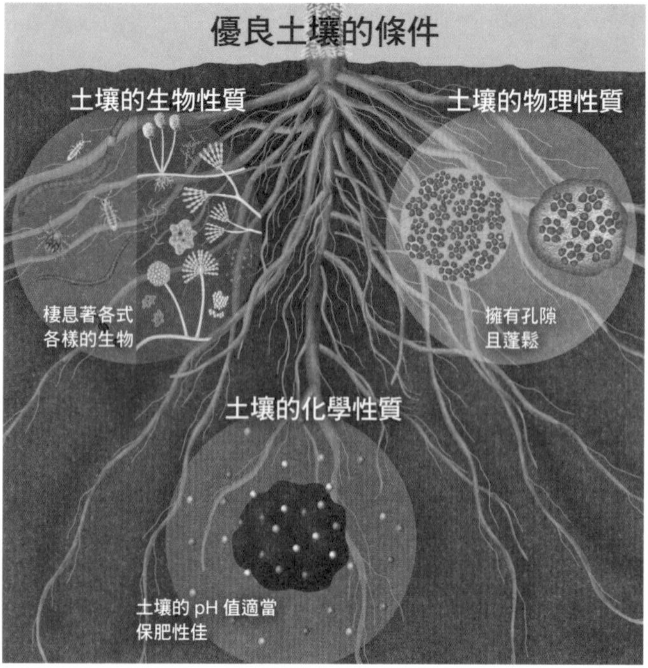

優良土壤的條件

土壤的生物性質

棲息著各式各樣的生物

土壤的物理性質

擁有孔隙且蓬鬆

土壤的化學性質

土壤的 pH 值適當
保肥性佳

優良土壤的3個條件

土壤除了能讓植物伸展根系，支撐植物本身之外，也是為了吸收養分的重要場所。根據土壤狀態不同，植物的生長狀態也會隨之改變。

尤其是在人為環境的農地，土壤的狀態會大為影響蔬菜的生長。如果土壤能讓根系充分伸展，提供必要的養分和水分，蔬菜就能健康成長。

優良的土壤條件需具備各種要素，一般而言是以土壤的物理性質、化學性質、生物性質這三大部分為重點。具體來說就是①擁有適當的孔隙、土質蓬鬆（物理性質）、②pH值適當、保肥性佳（化學性質）、③各式各樣的生物棲息（生物性質）的土壤，就是適合蔬菜生長的土壤。而整土基本上則是以滿足上述三個條件為目標。

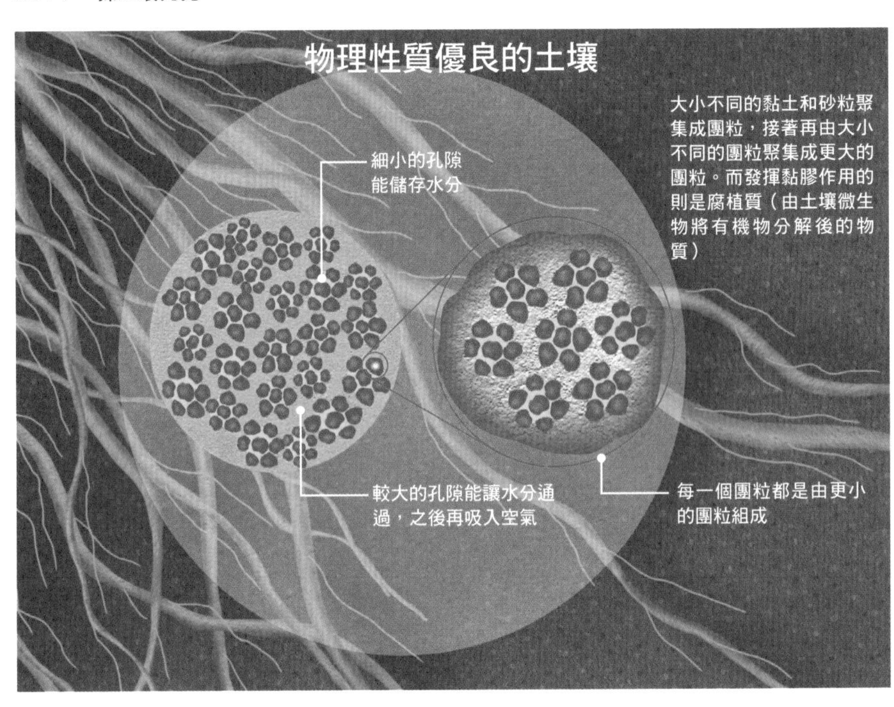

①擁有適當的孔隙、土質蓬鬆（物理性質）

栽培活力蔬菜的優良土壤條件之一，就是土壤中含有適當的孔隙，而且土質蓬鬆輕軟。這種土壤的特徵在於同時具有良好的保水性和排水性。因此就算暫時不下雨，在土壤中也能保持必要的水分，反之下大雨時，能將多餘的水分排到地下。同時具有極佳的透氣性，所以根系能充分吸收到氧氣和水分而健全生長。另外，這個孔隙也能保持溶於水中的肥料。

雖然耕土也能讓土壤變得蓬鬆，但是在下雨或是人走在表面時，又會再次變得堅硬。關於這點，如果土壤無法形成團粒結構，就會不斷持續處於這種狀態。

若要讓土壤團粒化，最重要的就是持續放入堆肥及有機肥等有機物質於土壤中。微生物能將有機物分解成腐植質，而腐植質具有黏膠的作用，會將黏土和砂土的粒子聚集在一起，形成團粒。如此形成團粒結構的土壤，會呈現出多重的層疊結構，所以具有極佳的保水性、排水性和透氣性。

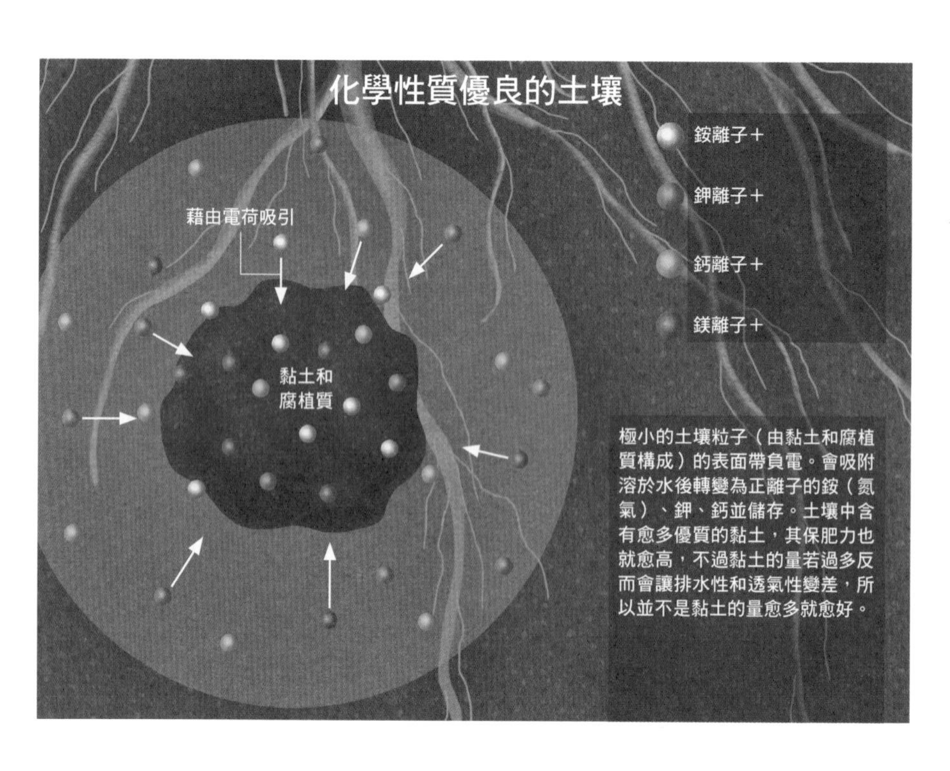

②pH值適當、保肥性佳（化學性質）

pH值是指土壤的酸鹼性程度。pH值是由0∫14的數值表示，pH7為中性，比7小的數值為酸性，比7大的數值則是鹼性。在酸性時，數字愈小代表酸性愈強，在鹼性時，數字愈大代表鹼性愈強。

適當的pH值也是優良土壤的條件之一。強酸性的土壤含有的物質會對於根系造成不良影響，幾乎所有的植物都無法正常生長。然而在多雨的日本，土壤中的鹼性成分（鈣或鎂）容易流失，大多數的土壤都呈現酸性。若要調整至適合蔬菜的pH值，大致上都需要將土壤調整在微∫弱酸性的範圍（44頁）。

擁有儲蓄肥料的能力（保肥力）也是優良土壤的條件。只要土壤具有此能力，就算集中施肥，土壤也能保持養分，再根據必要時供給，所以不容易造成肥傷（26頁），也不太會引起肥料不足的情況。肥料除了保存在土壤孔隙間外，也會藉由電荷的力量附著於土壤粒子的表面（上圖）。這種能力根據土壤的種類而異，含有愈多優質黏土的土壤此能力也就愈高。

③各式各樣的生物棲息（生物性質）

土壤中棲息著各式各樣的動物和微生物，也是優良土壤的重要條件。在土壤生物當中，有些能將有機物分解成腐植質、促進土壤團粒化的生物，也有能將施放的肥料，轉換成植物容易吸收的硝酸菌，以及將空氣中的氮氣固定、供給至植物根部的根瘤菌等，對於植物有幫助的種類。另一方面，也有感染根系引起病害的病原菌、寄生在根部阻礙生長的蟲類等，會造成植物危害的生物。這些生物存在於任何場所，不過只要維持生物多樣性，就能避免數量極端增加，也幾乎不會危害到植物。

若要打造出豐富生物棲息的土壤，就要適當放入堆肥及有機物質等，以作為小動物及微生物的食物。形成團粒結構也很重要。團粒結構的土壤結構為重疊狀，因此就能提供多樣的環境。具有各種大小的孔隙，儲存空氣的大孔隙能讓好氧性的微生物生存，而儲存水分的小孔隙則是讓厭氧性的微生物生存。因此能讓生物相變得豐富。

調查田間土壤的狀態

田間土壤的狀態天差地別

田間的狀態可說是天差地別。有些土壤含有適當的黏土，也有黏土過多的土壤，反之也會有黏土過少而砂質較多的土壤。

另外，有平常耕作、栽培蔬菜的土壤層（耕作層）較淺的田間，也有耕作層混雜著礫石的田間，或是地下水位高、土壤總是維持著濕潤狀態的田間。

其中想必也有石灰資材或肥量施放過量，造成土壤偏向鹼性的田間，或是肥料累積過量的田間。

因此根據不同的土壤狀態，就算用蔬菜栽培書籍所介紹的方式栽種，也有可能無法順利栽培成功。首先調查自己農地的土壤狀態，並且正確把握。這就是栽培蔬菜的第一步。根據調查的結果調整施肥量，有必要的話則進行土壤改良，才能成功培育出蔬菜。

家庭菜園也要調查的項目

調查田間狀態有各種項目以及方法。家庭菜園能進行的調查有限，最基本建議調查土壤類型、耕土層的狀態、土壤的pH值、土壤的EC值（電導度）。是土壤中肥料濃度的參考）。接下來將會解說簡單且明瞭的調查方法。

另外，調查的項目分成只要調查一次，以及每季栽培前都需要調查的種類。因為土壤的類型和耕作層的狀態，就算栽培蔬菜也不太會改變，而pH值和EC值就算只栽培一次蔬菜就會大幅變動。

只要調查一次就好的項目

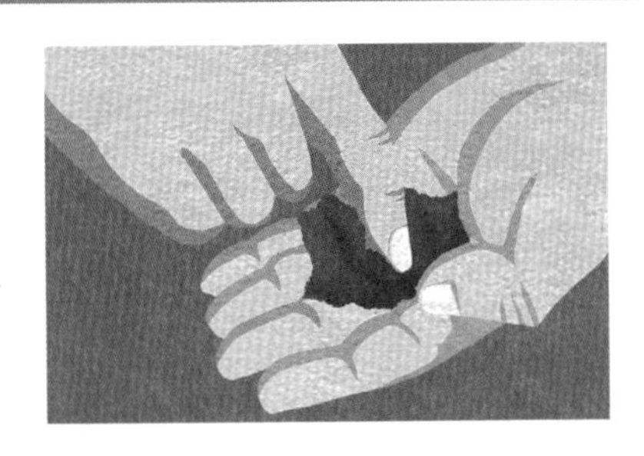

●土壤的類型 → 18 頁

田間土壤根據有機物質和黏土的含量多寡，透氣性、排水性、保水性和保肥力等特性也會有所不同。針對田間不同的土壤特性，選擇適當的整土方式。

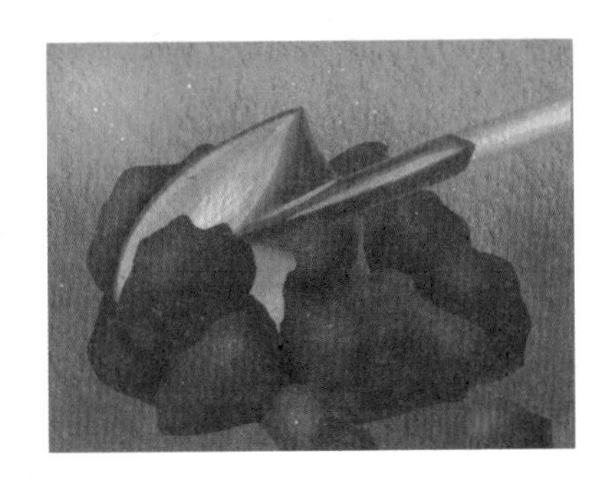

●耕作層的狀態 → 22 頁

耕作層是指平常耕作、能讓蔬菜根系伸展的部分。耕作層有多深、耕作層中是否含有礫石、耕作層下方的地下水位有多高等，應根據這些不同條件進行整土。

每次栽培前都要調查的項目

●土壤的 pH 值 → 24 頁

大多數的蔬菜偏好微酸性～弱酸性的土壤，不過日本的土壤大多偏向酸性。此外，也有部分呈現鹼性的土壤。因此在耕作前應將土壤的 pH 值，調整成栽培蔬菜適合的 pH 值。

●土壤的 EC 值 → 26 頁

EC 值是指土壤的電導度，也是土壤中肥料成分（主要是氮）含量的參考值。經常會有家庭菜園中施肥過量，使得土壤中的肥料濃度增加，所以在栽培前建議事先調查，並且調整施肥量。

調查土壤的類型

首先調查有機物的量和團粒結構

首先來調查土壤的類型吧。最初先觀察土壤中含有多少有機物（腐植質），以及是否有形成團粒結構。有機物含量多的土壤會呈現烏黑的顏色，因此可先由顏色判斷，不過也些原本就是黑土。這時候除了顏色外，也要確認土壤的形狀。如果屬於砂質的話，就不會有來自於有機物的黑色。另一方面，有機物含量多且形成團粒結構的土壤，蓬鬆而柔軟，用手指大力捏會讓顆粒粉碎，所以很容易分辨。

若有機物含量多，而且形成團粒結構的話，就是透氣性、排水性、保水性和保肥力都很高的優質土壤。這種土壤不會出現異味。

此外，就算是有機物含量多的黑色土壤，若位於河階下方等河水聚集的場所，或是地下水位較高的位置，則有可能因為太過於潮濕而無法形成團粒結構。

在這種地方的土壤帶有獨特的光澤，堅硬而且密實，而且會散發出土壤本身沒有的異味。就算加以耕作使土壤鬆軟，也會結成硬塊狀，難以改善原本狀態，因此必須要在田地周圍挖出水溝促進排水，或是作出高畦等。

接著調查土壤性質

土的顏色並非烏黑色，而是呈現黑褐色或褐色時，代表有機物的含量偏少。這時候可以試著觸摸土壤，調查土壤性質（確認黏土的含量多、剛好還是幾乎沒有）。根據黏土的含量不同，透氣性、排水性、保水性及保肥力也會隨之改變。

土壤類型的調查方法 ❶〔色澤和觸感〕

調查色澤和觸感

確認土壤的顏色是否為黑色。
如果是黑色的話，接著調查是否有光澤及觸感。

黑色且帶有光澤

土壤呈現顆粒狀，用手指大力捏會碎掉。觸感柔軟，沒有粗糙感。站在上方感覺土壤非常蓬鬆

有機物的含量

有機物含量多，形成團粒結構

這種類型土壤的黑色，是從尚未腐爛的有機物分解成腐植質而來，因此含有豐富的有機物

土壤類型

透氣性佳，排水性和保水性良好。也具有保肥力

「開始整土」
詳見 29 頁

黑色但是沒有光澤

試著觸摸後，帶有粗糙且堅硬的觸感。站在上方感覺土壤非常密實

有機物含量少的砂質土壤

黑色是本身土壤的顏色。有機物含量少。大多是伊豆諸島、富士山、箱根一帶等，火山周圍的玄武岩質土壤

透氣性和排水性佳，但是保水性差，保肥力也較低

「砂質土的利用與改善」
詳見 52 頁

褐色或黑褐色

外觀並非黑色的土壤。
也會有偏白色或是淡褐色的類型

有機物含量不多

有機物含量少，因此土壤不帶黑色，呈現出原土本身的顏色

應進一步調查
「土壤為褐色或黑褐色的情況」
詳見 21 頁

2 試著捏成塊狀

表面的土壤較乾燥，應撥開表面的土壤。採取其下方的耕作層土壤，混合後試著捏成塊狀。應趁著土壤乾燥前快速進行。

捏成一球，用手指壓碎

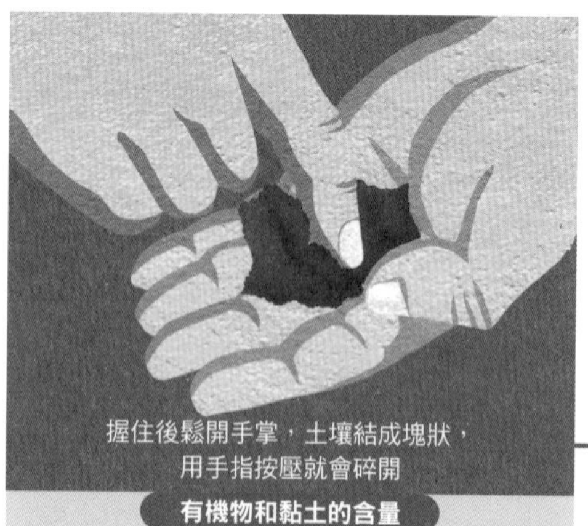

有機物和黏土的含量

有機物少，
但是含有適當的黏土
或是含有一些有機物，
但是黏土含量偏少

土壤類型

具有適度的透氣性和排水性，
保水性佳。也具有適度的保肥力

「開始整土」詳見29頁

土質粗糙，無法結成塊狀

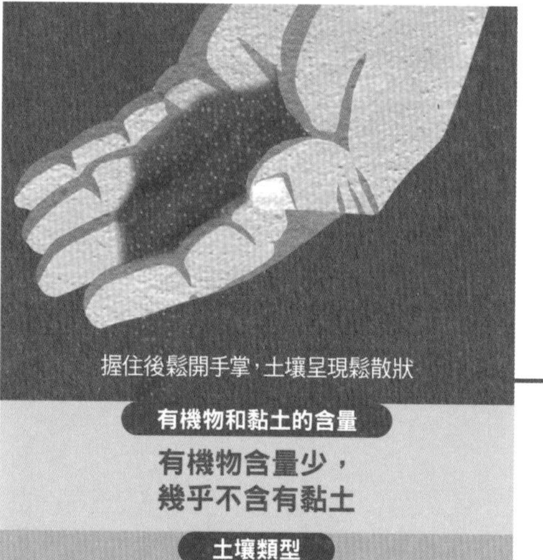

有機物和黏土的含量

有機物含量少，
幾乎不含有黏土

土壤類型

透氣性和排水性佳，
但是保水性差，保肥力也較低

「砂質土的利用與改善」詳見52頁

土壤類型的調查方法 ❷〔土壤為褐色或黑褐色的情況〕

1 用指尖搓揉調查

取得田間土壤，用手指試著搓揉看看。
土壤若太過乾燥時，可以先讓土壤吸收水分後再進行。

變成細條狀

「黏質土的改善」詳見 54 頁

無法變成細條狀

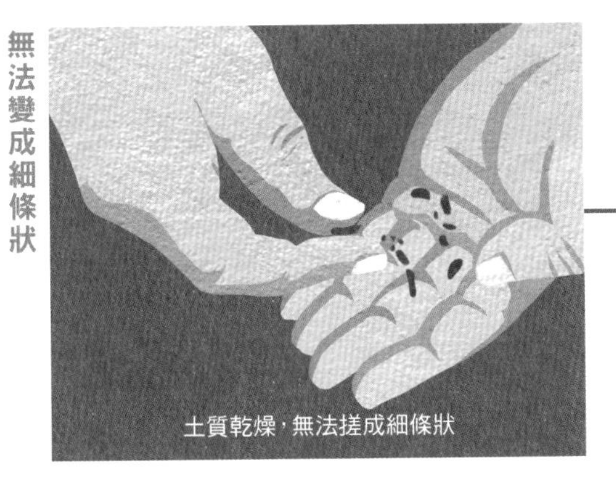

調查耕作層的狀態

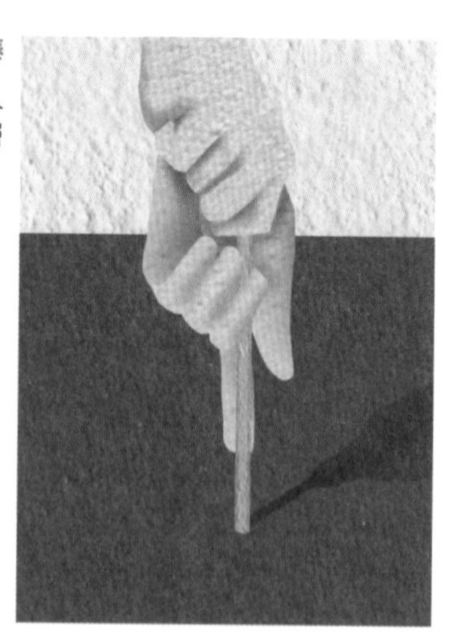

1. 插入細棒

將支柱等細棒插入土中，探測耕作層的深度

2. 挖掘

挖掘耕作層，確認土壤內部的狀態。調查是否有礫石和地下水位

掌握蔬菜根系伸展部分的狀態

調查完土壤類型後，接著來調查耕作層的狀態吧。首先，將支柱等細棒插入土中，調查可插入的深度。能順利插入的部分為耕作層，也就是蔬菜根系能夠伸展的部分。如果耕作層深度未達15cm，就代表不適合栽培蔬菜，應想辦法解決。

接著挖掘耕作層的土壤直到底部，確認是否含有礫石，以及是否會挖到水。耕作層較深時，挖掘至30cm就足夠。地下水位會根據季節而變化。在地下水位增高的時期（梅雨季或是融雪期）挖掘，就能夠做出正確的判斷。耕作層的深度若未達15cm，也要挖掘土壤，確認是否有犁底層（平常沒有耕作到的夯實部分）及礫石層等，找出耕作層過淺的原因。

耕作層狀態的調查方法 步驟❶〔插入細棒〕

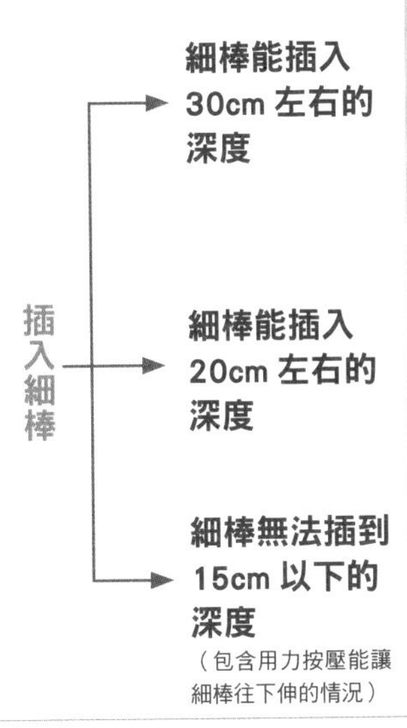

耕作層較深

連白蘿蔔等根系位置較深的根菜類都能栽培（細長形紅蘿蔔或牛蒡除外）

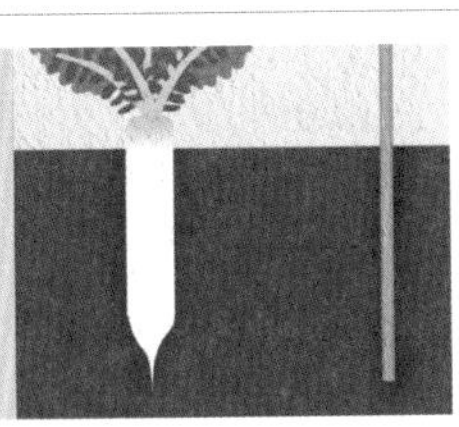

耕作層較淺

能栽培葉菜類、果菜類、地薯類、根系較短的根菜類等大部分的作物

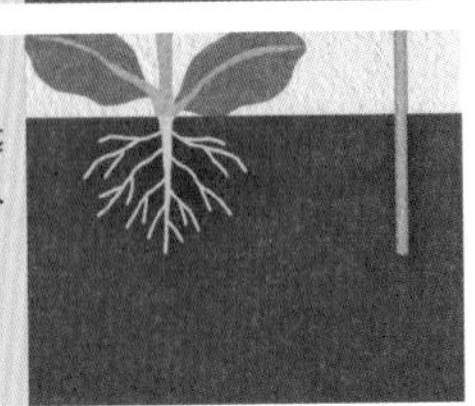

耕作層太淺

耕作層太淺，不適合栽培蔬菜

→「耕作層太淺的土壤」詳見56頁

耕作層狀態的調查方法 步驟❷〔挖掘土壤〕

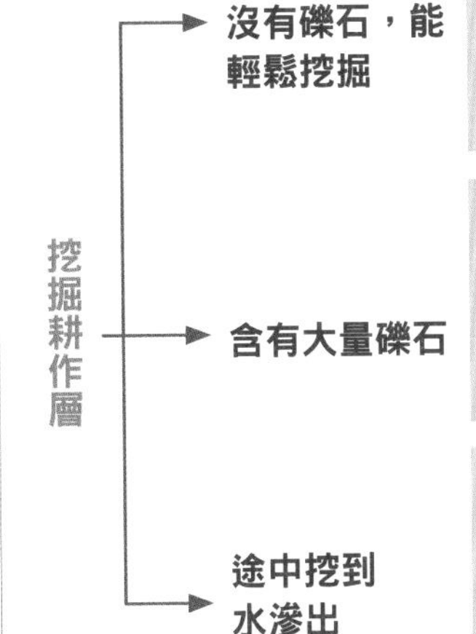

良好的耕作層

耕作層狀態良好。沒有什麼問題

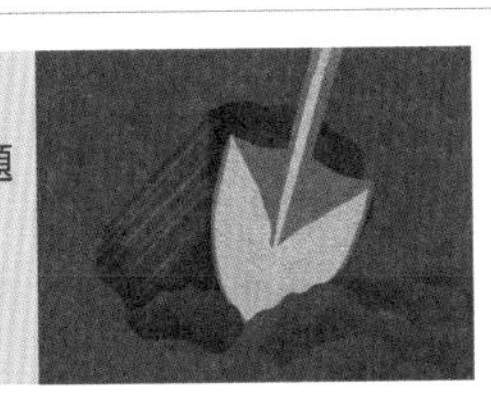

土壤的量太少

礫石比例多，土壤含量少，保水性和保肥力差，難以栽培蔬菜

→「礫石太多的土壤」詳見59頁

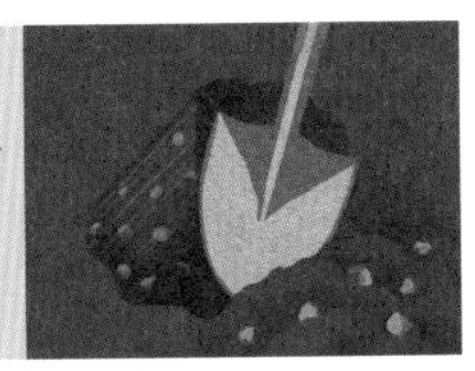

地下水位高

地下水位高，除了芋頭這種喜歡潮濕環境的蔬菜之外，都難以栽培成功

→「地下水位太高的土壤」詳見58頁

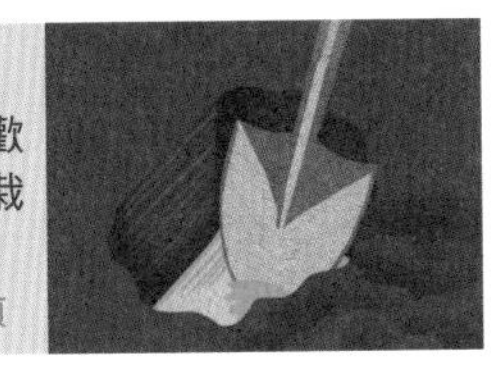

調查土壤的pH值

只要插入土中，就能測定 pH 值的電子土壤酸度計

用測定液或測定器來測量

雖然日本的酸性土壤較多，不過根據田地不同，其pH值的狀況也變化不一。其中也有像是石灰資材施放過量，造成土壤偏向鹼性的田地。另外，也有像馬鈴薯一樣喜好酸性土壤的蔬菜（46頁）。

而每栽培一次作物，pH值也會隨之改變。就算是同樣的田間，在蔬菜栽種前及採收後，pH值都會有所不同。應在每次栽種蔬菜前測定pH值，有必要的話進行土壤的酸鹼度改良（44頁）。

若要測定pH值，可使用將土壤放入蒸餾水中，加入測定液體並透過顏色變化來測定的pH測定液，或是直接插入土壤中的測定器。兩種皆可於居家購物中心購買。在網路購買pH測試紙（石蕊試紙）的話，就能用便宜的價格進行多次測試。

可藉由長出的雜草推測土壤是否為酸性

從田間長出的雜草，也能大致判斷出土壤是否為酸性，以及土壤偏向乾燥或濕潤。這時候最重要的就是觀察田間比例最多的雜草。

此外，從過去栽培蔬菜的情況，也能推測出土壤是否偏向酸性。若排除土壤乾燥或肥料太多等原因，洋蔥、菠菜、小松菜、紅蘿蔔等蔬菜的發芽狀況太差，或是發芽後葉片偏黃，有可能就是酸性土壤。

強酸性土壤也能生長的雜草

車前草

在堅硬密實的土壤也能生長

莎草

在濕潤的黏質土壤也能生長

馬齒莧

在乾燥的土地也能生長

地錢

生長於濕潤、堅硬密實的土壤

木賊（問荊／馬尾草）

在乾燥的土壤也能生長

繁縷

一般喜好濕潤的土壤

調查土壤的EC值（電導度）

容器中放入蒸餾水，接著放入土壤攪拌，當土壤沈澱後，將測定器插入上方澄清的液體中。EC值測定器的顯示單位大多為mS（毫西門子；milli-siemens）／cm，或是μs（微西門子；micro-siemens）／cm其中一種（照片中的測定器表示單位為μs／cm）。1mS／cm＝1000μs／cm

用EC值測定器測量

EC值是指導電度，可當作土壤中鹽類濃度（肥料濃度）的依據。主要是和氮肥有關，若鹽類濃度太高，就好像是灑鹽巴在蔬菜上一樣。因此會造成根系無法吸收養分及水分，嚴重的情況甚至會奪走根部的水分，使蔬菜枯萎。這就是所謂的肥傷。

家庭菜園也經常會出現土壤中肥料大量殘留的情況。為避免肥料過多，在耕作前建議先測定EC值，再根據數值調整施肥量（76頁）。

尤其是不知道上個使用者是如何管理的市民農園等，請絕對要事先測定。

開始耕作前的確認重點①

確認農地位置的地形

在開始耕作之前，除了在16～26頁所介紹的內容以外，也建議事先確認地形及日照等條件。將所有條件調查清楚，掌握農地的狀況吧。

位置較周圍低的農地較容易積水，因此要想辦法解決

□是否為易積水的地形

環顧田間四周，確認是否有凹陷處、是否位於懸崖或斜坡下方。

這些場所很容易積水，土壤會有過於潮濕的狀況。需要作高畦，或是挖出能幫助排水的水溝等。

另外，若農地呈現斜面時，田間就會自然而然變成水的通道。建議在田間的周圍挖出水溝以促進排水。如果只是單純挖出水溝，很容易讓土壤流失，建議在溝底鋪上石頭，並且讓壁面長出雜草。

此外還可在田間打入木條，於垂直斜面處放上橫板，打造成梯田。對於家庭菜園的規模而言，並不是太辛苦的作業。

確認日照狀態、雜草的有無

□是否有被擋到陽光

周圍有建築物或樹木時，應事先調查栽培蔬菜的時期，田間是否會被擋到陽光。如果有陰影處，果菜類就無法順利栽培成功。

另一方面，雖然也會根據陰影處的狀況而異，不過植株高度較低的葉菜類或是根菜類，大多都可以栽種。

□是否有長雜草

也許有人會認為長出雜草的場所不適合當作農地。

但是連雜草都不生長的地方，有可能是因為土壤過於堅硬、乾燥，或是積水等問題而造成。

應詳細調查土壤類型和耕作層的狀態等（18～23頁），改善至能夠栽培蔬菜的良好狀態。

可藉由雜草的生長情況，得知這片土地是否適合植物生長。另外，有時候還能根據雜草的種類來得知土壤是否為強酸性（25頁）

□土壤中是否異物混雜

確認土壤是否有混入異物。重新填土的再造地的庭園等，很容易會出現玻璃片、水泥塊、金屬片等異物。

另外，過去曾當作農地使用的場所，土壤中偶爾也會混雜著牽引用的塑膠繩、塑膠覆蓋布的碎片等。

當這些異物打到耕耘機的刀刃或捲入機器中，會非常危險。應將這些異物仔細除去。

基本的整土

開始整土

整土的順序

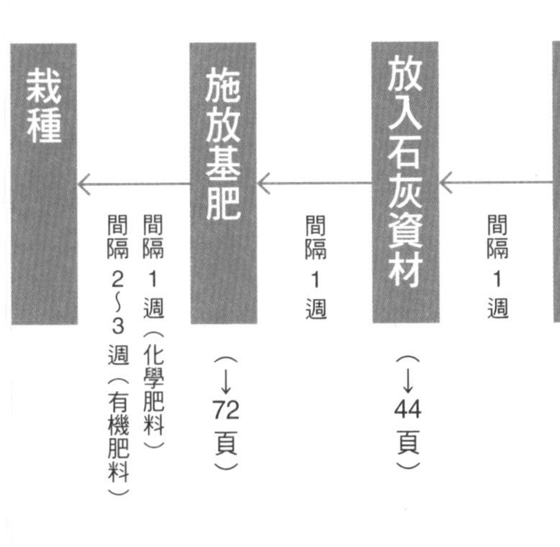

應避免同時放入堆肥和石灰資材

調查完土壤後，就可根據結果開始整土了。在這裡介紹的是不需要進行特別處理或改善對策的田間所適用的「基本的整土（耕作層太淺等有問題的田地，請詳見51～59頁）」。

整土時首先應放入堆肥，接著再根據土壤的pH值，視情況放入石灰資材。

若同時放入堆肥和石灰資材，堆肥中含有的氮會變成氨氣流失，因此石灰資材應在堆肥施放間隔1週後再放入。氮含量不多的植物性堆肥也是一樣。由於相同的原因，基肥和石灰資材也不應同時施放。

從栽種（定植）開始往回推算，堆肥最少應在1週前、石灰資材則應在2週前放入。1週後再施放基肥，從基肥施放到栽種前，使用化學肥料時應間隔1週，有機肥料的話則應間隔2～3週左右的時間。

放入堆肥

〔實施時期〕**栽種的 3 週前以上**

堆肥的種類

整土的第一步就是放入堆肥。

堆肥可分為以樹葉等為主原料的植物性堆肥，還有以家畜糞便等為主原料的動物性堆肥，兩種皆有其不同特徵。

整土時，基本上建議使用土壤蓬鬆效果佳的植物性堆肥，或是馬糞及牛糞堆肥。關於每種堆肥的特徵和使用方法，請詳見從 34 頁開始的「提升土地力的堆肥指南」。

施放堆肥的時期和方法

堆肥基本上是在每次栽培時都要施放，不過如果是「有機物含量多，形成團粒結構」土壤（19 頁）的話，每年施放一次即可。

另外，白蘿蔔或地薯類如果在栽種前放入堆肥，會讓蔬菜的表皮粗糙，甚至出現生長障礙，因此在上一期栽種時事先施放就已足夠。

施放時期應在栽種的 3 週前以上。不過農地原本就是閒置的話，則愈快施放愈好。放入土壤蓬鬆效果佳的堆肥會產生大量的孔隙，暫時使土壤變得容易乾燥。但是經過一段時間後，堆肥就能和土壤融合，不需擔心乾燥問題。此外，堆肥若尚未發酵完成的時候，只要離栽種間隔 1 個月以上，堆肥就有足夠的時間在土壤中腐熟。

施放作業應在土壤適度乾燥時進行。因為若在下雨後，田間仍處於濕潤狀態下耕土，會讓土壤結成塊狀而變硬。另外，也應避免在極端乾燥時進行，會因此讓土壤變成細末狀。堆肥的具體施放方式請見左圖。

堆肥施用量基準（每 1 ㎡）

堆肥名稱	每次施放量的上限
馬糞堆肥	1.0 ～ 2.0kg
牛糞堆肥（主要為牛糞）	1.0 ～ 2.0kg
豬糞堆肥（主要為豬糞）	0.5 ～ 1.0kg
發酵雞糞	0.3 ～ 0.5kg
樹皮堆肥	2.0 ～ 3.0kg
腐葉土	2.0 ～ 3.0kg

堆肥的施放方法

1 均匀施灑

於土壤表面均勻施灑堆肥。施放量根據堆肥種類而異（上表）

2 和土壤拌匀

施放完堆肥後，翻土耕耘約 20 ～ 30cm 深度的土壤，將土壤和堆肥拌勻

均匀施灑堆肥

均匀攪拌土壤和堆肥

訣竅

藉由少量堆肥得到效果的方法

堆肥的量不夠施放田間整體，或是作業起來太辛苦時，可於畦下挖出溝並施放堆肥，再和周圍的土壤混合，就能改良根系伸展部分的土壤。只要每年稍微錯開畦的位置，便能漸漸改良整片田間的土壤。

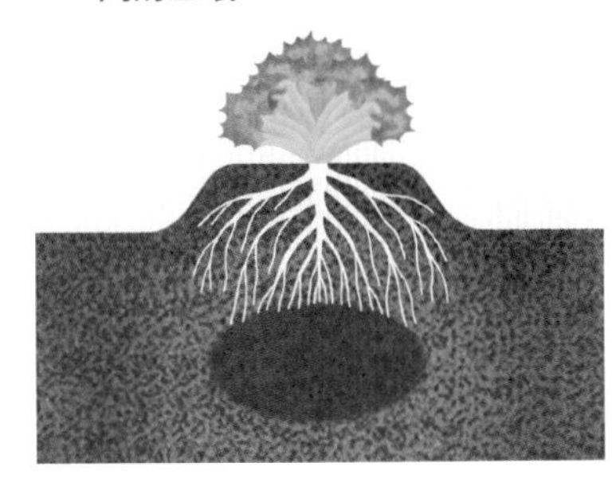

堆肥具有這些效果

①讓土壤變得蓬鬆

於土壤中放入堆肥能讓整體變輕，土壤中產生孔隙。而堆肥所含有的纖維也帶有孔隙。因此能讓土壤變得蓬鬆，提升透氣性、保水性與排水性。另外，有機物能分解成腐植質，此物質可使土壤粒子彼此聚集，促進土壤團粒化。當土壤一旦團粒化，就能讓土壤粒子之間產生空隙，更加促進透氣性、保水性及排水性。

②提高土壤的保肥力

植物性堆肥所含有的纖維，具有吸附肥料的能力。此外，由堆肥的有機物分解而來的腐植質，也具有吸附肥料的作用。因此只要持續放入堆肥，就能提高土壤的保肥力。

③增加土壤中的微生物種類及數量

堆肥中的有機物除了能成為土壤生物的食物之外，堆肥本身也帶有微生物，所以可增加土壤微生物和土壤動物的種類及數量。另外，藉由相互影響作用，還能避免特定的微生物或生物異常繁殖，減少病蟲害的發生。

④提供微量元素和三要素

堆肥中含有植物生長不可或缺的微量元素及三要素（66頁）。不過，基本上所含有的營養要素不及化學肥料多。

順帶一提，堆肥和肥料具有不同的機能。堆肥的機能是將土壤改善成適合植物生長的狀態，間接幫助植物生長。而肥料則是由植物吸收，直接影響植物生長。

堆肥的效果

①讓土壤變得蓬鬆

堆肥本身和堆肥所含有的纖維能產生空隙，腐植質則能促進土壤團粒化

堆肥的纖維

④提供微量元素和三要素

堆肥除了適量的微量元素外，也含有少量的肥料成分

堆肥

肥料養分

土壤

③增加土壤中的微生物種類及數量

堆肥的有機物可成為食物，促進蚯蚓、線蟲（大部分的線蟲為益蟲）等土壤動物、放線菌、細菌、黴菌等土壤微生物的種類和數量增加

腐植質和植物性堆肥

②提高土壤的保肥力

腐植質和植物性堆肥能吸附肥料成分

牛糞堆肥

肥料含量	少	多
蓬鬆效果	小	大
促進保肥力效果	小	大

發揮土壤改良的威力

特徵

是由牛糞堆積、發酵而來。多少含有飼料的殘渣及乾稻草。為了調整水分，有些產品也會添加木屑或稻草等農業副資材。

牛是以乾草或稻草等粗飼料為主食，因此和豬糞堆肥相較之下肥料成分較少，纖維含量較多，所以具有讓土壤蓬鬆的絕佳效果。

所含有的纖維成分會緩慢分解，因此效果期間長。另外，副資材含量比例較高的類型，雖然幾乎不具有肥料效果，但是土壤蓬鬆效果較好。

使用方法與注意點

無論是哪種農地或蔬菜都能使用。在家畜糞便堆肥當中，肥料成分較少，因此可大量施放，所以對於土壤較硬的地方，或是砂質土、黏質土等，可發揮出土壤改良的威力。

副資材不容易腐爛，若處於尚未發酵完成的狀態，在分解的過程中會奪走土壤中的氮。如果產品中含有副資材，應於栽種前 1 個月左右施放，使堆肥能在土壤中充分發酵腐熟。

馬糞堆肥

肥料含量	少	多
蓬鬆效果	小	大
促進保肥力效果	小	大

纖維多，使用方便

特徵

是由馬糞及鋪在馬廄的稻草、稻殼一起堆肥化而成。性質和牛糞堆肥類似，但是纖維成分較多，而肥料成分較少。

馬是以粗飼料為主食，不過咀嚼後的食糧較粗，所以部分纖維會以尚未分解的狀態排泄。堆肥中同時也含有鋪馬廄的稻草，所以纖維成分較多。

將馬糞堆肥放入土壤中，可藉由纖維形成大量的孔隙，呈現出蓬鬆的土壤，改善透氣性、保水性和排水性。

再加上分解速度較慢，所以效果也很持久。雖然馬糞堆肥幾乎不含氮，但是大部分纖維都已經在馬體內分解，所以施放後幾乎不會奪取周圍的氮。

含水量也很少，使用方便，是非常優秀的堆肥。

使用方法與注意點

含有大量的纖維和少量肥料成分，無論是哪種農地和蔬菜都能使用。尤其能在土壤較硬的地方，或是砂質土、黏質土等發揮土壤改良的威力。

豬糞堆肥

肥料含量	少	多
蓬鬆效果	小	大
促進保肥力效果	小	大

肥料成分多，少許的土壤蓬鬆效果

特徵

豬糞堆肥是由豬糞堆積、發酵而來。雖然主成份為豬糞，但是許多產品都有經過水分調整，並且加入能吸附味道的木屑等副資材。

雖然也會根據製造方式而異，不過豬飼料大多是穀類等高營養飼料和粗飼料，因此一般來說肥料成分比牛糞堆肥多，比發酵雞糞少。而土壤蓬鬆效果比牛糞堆肥低，比發酵雞糞高，剛好介於兩者之間。

使用方法與注意點

以糞便為主原料的堆肥，含有多量的氮和磷。相反地纖維含量較少，土壤蓬鬆效果較低，因此適合持續施放有機物，部分整地完成的農地。要注意施放量以避免肥料過多，同時也要調整基肥的量。

大量添加木屑等副資材的產品，其肥料效果較低，不過卻可期待土壤蓬鬆的效果。此外，若木屑等副資材尚未發酵完成時，應於土壤中發酵腐熟1個月左右後再栽種。

發酵雞糞

肥料含量	少	多
蓬鬆效果	小	大
促進保肥力效果	小	大

可和化學肥料媲美的高肥料效果

特徵

由雞糞堆積、發酵而來。雞是用高營養飼料餵養，所以肥料成分多，不過卻幾乎不含有纖維。肥料成分中，氮、磷、鉀三要素的含量都很高，而且氮是容易分解的型態，所以肥料效果相當於化學肥料。

一般市面上的發酵雞糞大多來自於蛋雞的糞便。由於飼料中加入了大量的鈣，所以含有多量的石灰（鈣）也是其特徵之一。

由於發酵雞糞屬於有機物，多少具有土壤的改良效果，但主要是用來當作供給肥料的資材。

使用方法與注意點

土壤蓬鬆的效果較低，所以適合已經整土完成的農地。

由於肥料效果高，應注意施放過量，基肥的量也要加以留意。

若發酵不足會影響蔬菜的生長。是會產生阿摩尼亞（氨氣）味道的產品，應在施放後間隔2～3週，使其在土壤分解後再栽種蔬菜。如果沒有發出惡臭的話，於施放1週後即可開始栽種。

樹皮堆肥

肥料含量	少		多
蓬鬆效果	小		大
促進保肥力效果	小		大

長期間持續土壤蓬鬆效果

特徵

於闊葉樹或針葉樹的樹皮中加入雞糞及尿素等，再以長時間堆積、發酵而成。能讓土壤變得蓬鬆，改善透氣性、保水性和排水性。分解速度緩慢，所以效果也比較持久。樹皮堆肥本身不含肥料成分，但是具有保持肥料的作用，因此能提高土壤的保肥力。

使用方法與注意點

不論是哪種蔬菜或農地都能使用，尤其對於土壤較硬而密實的地方，或是黏質土、砂質土能發揮出土壤改良的威力。

品質會根據原料的樹種或發酵方式而出現極大差異。日本的業界團體有訂出品質標準，建議挑選符合此規格的產品。

樹皮堆肥的品質標準

有機物含量	70% 以上
氮含量（乾燥）	1.2% 以上
磷含量（乾燥）	0.5% 以上
鉀含量（乾燥）	0.3% 以上
C／N 比（炭比例）	35 以下
pH	5.5 ～ 8.0
陽離子交換量（CEC）（乾燥）	70meq ／ 100g 以上
水分	55 ～ 65%
幼苗測試	無異常

＊日本樹皮堆肥協會

腐葉土

肥料含量	少	多
蓬鬆效果	小	大
促進保肥力效果	小	大

優秀的土壤蓬鬆效果

特徵

原本是將櫸木或枹櫟等闊葉樹的落葉，放入土層中層層堆積，加入水並以長時間發酵而成。不過在市售商品中，也有添加了少量的米糠或油粕，以縮短發酵時間的類型（也就是所謂的落葉堆肥）。

雖然會根據商品種類而異，但是幾乎都不含肥料成分。取而代之的是纖維成分多，保水性及排水性佳，同時也具有保肥力，擁有極佳的土壤蓬鬆效果。

使用方法與注意點

不論哪種蔬菜或農地都能使用。適合土壤堅硬密實的場所、黏質土及砂質土的土質改善。就如同其名，腐葉土原本是一種栽培用土（介質）。在製作盆栽用的培養土時，大多會加入3～4成的腐葉土混合，所以如果是發酵完成的產品，大量放入田間也沒關係。每年建議放入2～3kg／m²。

好的腐葉土其葉片呈現黑色，形狀碎裂，不會太乾燥且帶有少許溼氣。

學會看堆肥的品質標示

堆肥不只是種類多，就算同樣種類還會有原料的差異、副資材的有無、含量，甚至會根據製造方式而使性質產生極大差異。

因此在挑選時總是會令人猶豫三分，這時候法規義務的品質標示就能加以參考。只要參考這個標示，就能知道堆肥的性質。此外，腐葉土在法規上不屬於堆肥，因此沒有標示的義務。

依據肥料取締法的標示範例

肥料名稱	牛糞堆肥 1 號
肥料種類	堆肥
申請的都道府縣	東京都 第○○○○號
標示者姓名或是名稱及地址	
	蔬菜田株式會社
	東京都新宿區市谷船河原町○○
淨重	20 公斤
生產日期	平成 28 年 7 月
原料	牛糞、稻草類、樹皮

備註：以生產時所使用的重量順序多到少排序。

主要成分含量（以乾物計算）

氮全量	1.7%
磷全量	1.6%
鉀全量	1.7%
碳氮比（C/N 比）	24
水分含量	65%

原料名是以使用重量的順序多到少標示，可得知堆肥的主要原料為何。

只要看這裡就知道三要素---氮、磷、鉀的含量。若標示「以乾物計算」，氮含量為3%，水分含量為50%的話，代表此堆肥每 100g 含有 1.5g 的氮。就算同樣標示氮 3%，卻標示「以實物計算」時，代表每 100g 含有 3g 的氮。

C/N 比是指碳（C）與氮（N）的含量比值。若數字在 20 以上代表纖維成分較多，具有土壤蓬鬆的效果。在 10 以下代表氮含量多，肥料效果高。

※標有 CEC（陽離子交換量）時，也可當作參考。CEC 是指維持肥料的能力，若數值在 50～60meq／100g 以上，代表具有提升保肥力的效果。

基本的整土

提高效果的堆肥輪替

輪替範例

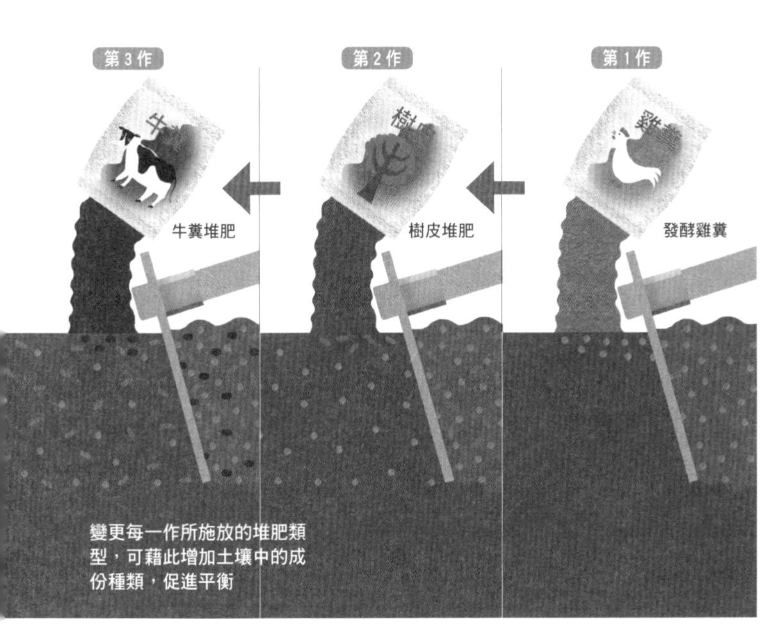

變更每一作所施放的堆肥類型，可藉此增加土壤中的成份種類，促進平衡

交互施放既簡單又有效果

雖然「堆肥」兩個字說起來簡單，但從肥料效果可媲美化學肥料的發酵雞糞，到肥料效果低但具有極佳土壤蓬鬆效果的樹皮堆肥，種類可說是五花八門。而且每種產品的成分也有很大的差異，在哪種情況下要使用哪種堆肥，總是令人難以判斷。

這時候建議使用交互施放各種堆肥的方法。

根據堆肥的種類不同，除了肥料效果和土壤蓬鬆效果大小差異之外，所含有的成分與聚集而來的微生物種類也都有所差異。在春天栽種前放入發酵雞糞，秋天栽種前放入樹皮堆肥，接著在隔年春天放入牛糞堆肥，像這樣施放不同的堆肥，就能累積每種堆肥的效果，以獲得更好的加乘功效。

如何自製堆肥

運用落葉

許多人都是在日本農會（JA）或是居家賣場購買堆肥使用，不過如果是落葉堆肥的話，其實自己也能簡單製作。若是家庭菜園所需的使用量，只要有 80 cm 正方體的空間就足夠，所以請絕對要挑戰看看。

然而，就算是落葉，其性質也會根據樹種而有所差異。松樹等針葉樹，以及含有殺菌成分的銀杏、柿子和櫻花等樹種的葉子，分解所需要的時間較長，所以不適合短期間的堆肥製作。另一方面，在雜木林中常見的麻櫟、枹櫟、經常當作行道樹的櫸木、懸鈴木、歐洲七葉樹等樹種的葉子取得容易，而且分解的時間較短，夏季大約只要 3 個月，冬季約 6～7 個月的時間就能分解成堆肥。

用木板製作出邊長 80 cm ×高 80 cm 的木框，放入落葉並輕輕踩踏壓實，製作出 10 cm 左右的落葉層。接著澆上不會太濕的水，再撒入油粕等氮肥，並再次疊上落葉。重複以上步驟直到木框內的落葉裝滿為止，最後蓋上塑膠布避免淋到雨即可。

落葉會隨著時間而逐漸分解。不過落葉的分解方式會隨著重疊的位置而有所差異，所以夏天大約每 1 個月要將落葉翻攪 1 次。總共翻攪 3 次，並且不再散出發酵的熱氣後，就代表已經分解完成，這時候就能當作堆肥施放於田間。

成熟的堆肥

分解完成，落葉的形狀崩裂，呈現黑色

尚未成熟的堆肥

落葉仍保留原有形狀。若直接施放於田間，會造成生長障礙。

落葉堆肥的製作方法

1 踩踏壓實落葉，澆水

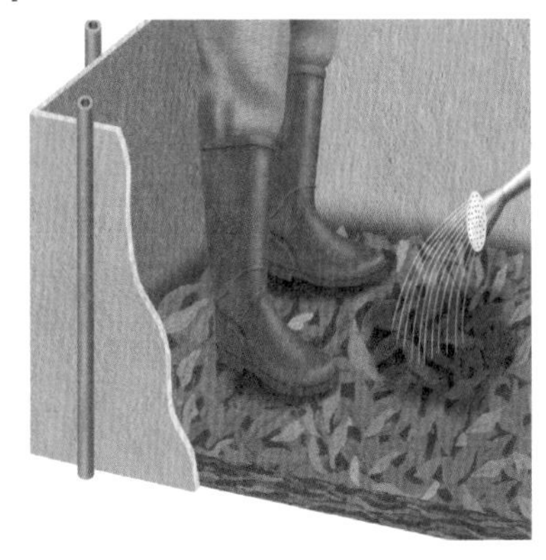

鋪好落葉後，輕輕踩踏成 10cm 左右的落葉層。如果太過於密實，會因為缺乏空氣而無法發酵。太過於寬鬆則是會造成落葉量太少，而且容易乾燥而無法持續發酵。為了促進發酵，應淋上水並且避免太濕。

2 撒上氮肥

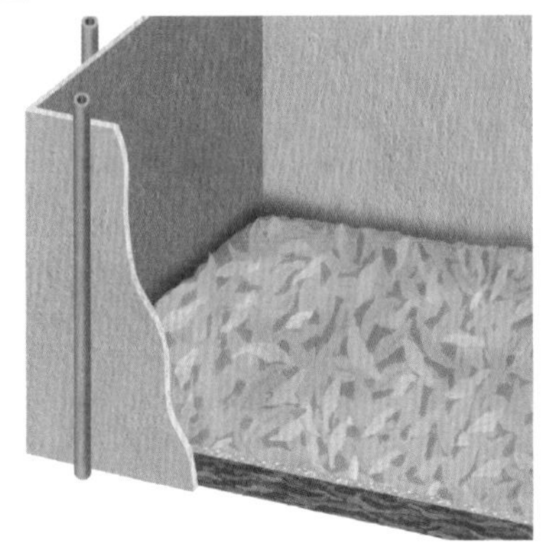

於落葉表面撒上薄薄一層油粕等氮肥（油粕的重量建議為落葉重量的 1%以內）。為避免肥料流失或流向較低的位置，應於灑水後再撒上肥料。

3 重疊落葉

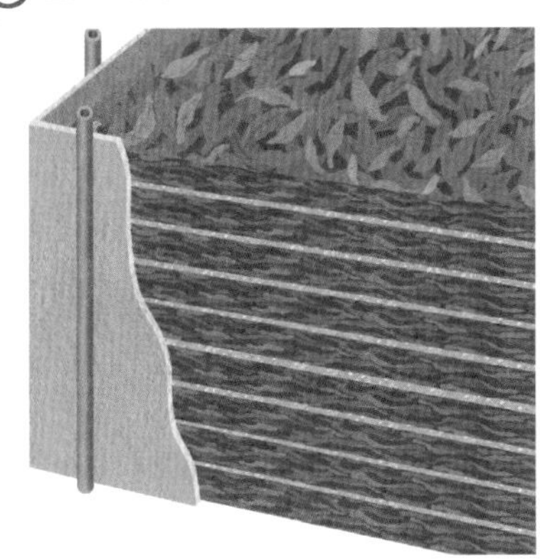

於 2 的表面再次鋪上落葉，並重複步驟 1 和 2。當落葉裝滿整個木框後，可覆蓋塑膠布等防止雨淋。當落葉開始分解後，會因為發酵熱而使溫度上升至 70℃左右。

4 翻攪落葉

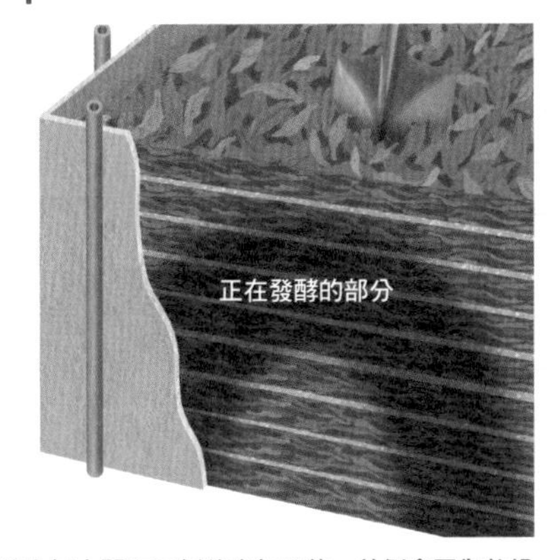

若木框中間和下側的空氣不夠，外側會因為乾燥和散熱而無法繼續發酵。因此在夏天建議每個月翻攪落葉 1 次。經過 3 次翻攪逐漸分解，當落葉呈現破碎狀、不會散發出異味，而且呈現出濕潤狀態時，就代表已經分解完成。

投入石灰資材

〔實施時期〕栽種的2週前以上

建議使用白雲石灰

大部分的蔬菜在強酸性土壤中都無法良好生長，不過也有像馬鈴薯一樣，土壤若偏向鹼性反而容易得到黑斑病或粉狀黑斑病的蔬菜。每種蔬菜所適合生長的pH值都不同（46頁），因此不要盲目地倒入石灰資材，應該先測定田間的pH值，再根據需要加以調整。

石灰資材也有很多種類（47～50頁），其中最好用的是白雲石灰（苦土石灰）。相較之下效果較緩慢，不容易引起生長障礙，而且能確實發揮效果。另外，還能補充蔬菜生長不可或缺的白雲（鎂）。

於施放堆肥1週後投入

如果同時施放石灰資材和堆肥，會因為化學反應而使堆肥中的氮轉化成氨氣（阿摩尼亞）而消散。所以應間隔1週以上施放。

石灰的施放量會根據土壤的種類而異。若土壤「含有大量有機物，呈現團粒結構」（19頁）時，要增加pH值1.0的話，建議施放苦土石灰100g／㎡。另外，每次投入量的上限為200～300g／㎡。

石灰資材是藉由和土壤混合，以得到調整pH值的效果。若接觸到空氣和水，就會像水泥一樣凝固，所以施放後應立即翻土耕耘，和土壤充分攪拌均勻。此外，結塊的石灰也會造成肥傷，所以充分耕耘非常重要。

將石灰資材拌入土壤中，直到pH值調整效果出現為止，大約需要1週至10天左右的時間。蔬菜的栽種應在這之後進行。

石灰資材的施用量基準（每 1 m²）

石灰資材名稱	提高 pH 值 1.0 所需要的量	每一次的施用量上限
白雲石灰（苦土石灰）	100g	200 ～ 300g
氫氧化鈣（熟石灰）	90g	180 ～ 270g
貝化石	120 ～ 150g	240 ～ 360g
牡蠣殼石灰	130g	240 ～ 360g

＊適用於含有多量有機物，呈現團粒結構的土壤

石灰資材的投入方法

1 均勻散布

均勻散布於田間整體。注意使用量，避免施放過量（參考上表）。

2 攪拌於土壤中

施撒石灰資材後，應立刻充分耕耘 20 ～ 30cm 的深度，將石灰和土壤攪拌均勻。如果施撒後放任不管，石灰就會凝結而無法融入土壤，沒辦法發揮出效果

主要蔬菜的適合 pH 值

蔬菜種類	pH 值範圍	5.5	6.0	6.5	7.0	7.5	8.0
馬鈴薯 生薑 地瓜 大蒜	5.5 ～ 6.0 弱酸性範圍						
草莓 高麗菜 小松菜 蕪菁 白蘿蔔 洋蔥 紅蘿蔔	5.5 ～ 6.5 微～弱酸性範圍						
番茄 茄子 青椒 小黃瓜 西瓜 南瓜 玉米 四季豆 落花生 蠶豆 芋頭 蘆筍 白菜 青花菜 青蔥	6.0 ～ 6.5 微酸性範圍						
豌豆 菠菜	6.5 ～ 7.5 微酸性～中性範圍						

※ 節錄自農業技術體系土壤肥料篇

白雲石灰

鹼性成分	53%以上
作用	慢　　快
持續性	短　　長

作用穩定，使用方便

特徵

白雲石灰（苦土）是由天然的白雲石粉碎而來，而白雲石本身含有石灰（鈣）及白雲（鎂）。市面上有粉狀及顆粒狀的種類。

石灰和白雲的比例非常重要，若石灰太多會讓蔬菜無法吸收到鎂，使葉脈間呈現黃色等出現鎂缺乏症。關於這點，白雲石灰則是能兩者均衡的同時施放。

就算接觸空氣或水也不會產生變化，會隨著土壤中的酸類，或是根部分泌的有機酸而慢慢溶解，所以不必擔心肥傷。和粉狀類型相較之下，顆粒狀溶解的時間較緩慢。

使用方法與注意點

不論在哪種類型的農地，新手都能夠安心使用。由於白雲石灰的溶解速度緩慢，所以應於栽種的10天前施放。

和熟石灰相較之下反應較穩定，可以和氮含量較多的堆肥及氮肥混合，不過如果沒有和土壤充分攪拌，氮成分就會變成氨氣揮發。

熟石灰

鹼性成分	60%以上
作用	慢 — 快
持續性	短 — 長

速度快，效果佳

特徵

熟石灰（氫氧化鈣）是將石灰岩燒製過後磨成粉末狀的生石灰，再加水反應而來。由於已經反應完成，所以不會像生石灰一樣遇水放熱。原本應為粉末狀，但也有一些為避免粉末飛散而製成顆粒狀的產品。溶於水後會呈現強鹼性，具有極佳的 pH 值調整效果。

使用方法與注意點

具有強鹼性和速效性，所以適合用來迅速調整強酸性的土壤。由於熟石灰不含鎂，所以也可以混合一半的苦土石灰施放。

施放後若立刻栽種，很容易引起肥傷。另外，如果和氮元素較多的堆肥或阿摩尼亞類的化學肥料（硫酸銨等）一起施放，氮會轉化成阿摩尼亞氣體（氨氣）揮發。因此氮元素較多的堆肥，應於栽種前 3 週施放，於 1 週後施放熟石灰，接著再於 1 週後施放基肥。

使用時應避免雙手觸碰，同時注意不要誤入眼睛。施放後若有有剩於的部分，應密封保管於無直射陽光、通風良好且乾燥的場所。

貝化石

鹼性成分	35～45%左右	
作用	慢	快
持續性	短	長

促進土壤團粒化的有機石灰

特徵

由貝殼、珊瑚及珪藻類堆積成化石後，將化石粉碎而來的有機石灰。也有加工成顆粒狀的類型。

除了石灰之外，也含有鎂、鐵等微量元素。同時還含有能促進土壤團粒的有機物（腐植酸），所以不會使土壤結塊。粉碎成較大顆粒的類型，其多孔隙的構造能提供微生物居住的地方。

少量緩慢地溶解，就算施放過量也不會引起肥傷等生長障礙。而效果也非常持久。

使用方法與注意點

適合缺乏微量元素，或是想實施有機農法的農地。

根據產品不同，也有鹼性成分較低的種類。可確認成分表，建議選擇鹼性成分35％以上的產品。

由於貝化石不會立刻溶解，所以施用後就算馬上栽種，也不會引起生長障礙，但是效果也不明顯。所以從施放到栽種的時間，應比苦土石灰增加2～3成。若長年持續施放於土壤中，可獲得安定的pH值調整效果。

牡蠣殼石灰

鹼性成分	40%以上
作用	慢　　快
持續性	短　　長

穩定且效果持久的有機石灰

特徵

去除牡蠣殼的鹽分，並於乾燥或燒製後粉碎而來。由於是將生產牡蠣所伴隨的廢棄物（牡蠣殼）有效利用，所以價格較便宜。

除了石灰成分以外，還含有鐵、硼等微量元素，而乾燥後的石灰還含有來自於附著肉片的少量氮及磷等元素。牡蠣殼為多孔隙構造，可提供微生物棲息的地方。

溶解緩慢而且作用安定，就算施放過量也不用擔心肥傷。另外，效果也非常持久。顆粒較粗大的類型能緩慢溶解，因此效果也是出現的較慢。

使用方法與注意點

適合缺乏微量元素，或是想實施有機農法的農地。

由於牡蠣殼石灰不會立即見效，因此最初建議混合苦土石灰一起施放。持續施放能讓之前所放入的部份慢慢發揮效果，所以到最後只要放入牡蠣殼石灰即可。

鹼性成分會根據產品種類而異，請確認後再使用。

改善土壤

改善鹼性土壤

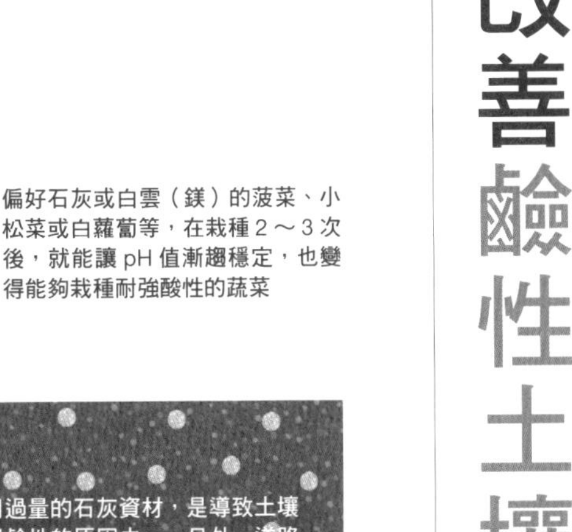

栽種數次菠菜等蔬菜

雖然大部分蔬菜都不喜愛酸性土壤，不過鹼性土壤也會難以適應，最適合生長的是pH值5.5～6.5，也就是微酸性至弱酸性的土壤。

鹼性土壤會因為過剩的鈣或鎂導致EC值（電導度）上升，進而降低土壤的保肥力，所以變成只要施放少量的肥料就會發生肥傷，或是因為氨氣而造成生長障礙。另外，鐵及鎂等微量元素也會變得難以溶解，所以很容易出現缺乏這些微量元素的症狀。

如果土壤偏向鹼性時，可種植菠菜、小松菜、紅蘿蔔等喜愛石灰（鈣）或白雲（鎂）的蔬菜，讓蔬菜吸收這些鹼性元素。在肥料當中，也有硫酸銨（氮肥）、硫酸鉀（鉀肥）等使土壤酸性化的肥料。選擇這些肥料使用也是一種方法。

砂質土的利用與改善

也可以直接栽種蔬菜

砂質土的特徵在於具有優秀的排水性和透氣性，但是保水性和保肥力卻很差。雖然許多人會認為砂質土不適合種植蔬菜，但其實只要頻繁澆水和施肥，一般的蔬菜也能順利栽種。

栽種前的整土，可和基本的整土一樣先投入堆肥，再根據必要施放石灰資材，但是砂質土的保肥力差，很容易出現肥傷問題，所以建議減少施放量（左表）。另外，在剛栽種完應更加留意澆水，以避免土壤乾燥。當苗株存活下來，或是發芽根系充分生長的話，就能夠順利生長。

關於施肥部分，包含基肥在內，不需要改變總施肥量。不過為了防止肥傷，應減少每次施肥的量，並且增加施肥次數。

此外，在栽種西瓜、南瓜、地瓜、落花生時，幾乎不需要太在意養分和水分的調控。

如果要進行土壤改良

若無法頻繁管理養分和水分時，就進行土壤改良吧。準備約3kg／㎡的黑土、紅土、水田土壤等黏質土，以及3kg／㎡能讓土壤蓬鬆的樹皮堆肥或腐葉土，將這兩種土壤及資材同時投入，並且充分耕耘。可藉由堆肥和黏土促進土壤團粒化，逐漸提升保水性。此外，由於黏質土能吸附肥料，所以還能增加保肥力。另外也可以投入1～2L／㎡的蛭石（大顆粒），或是0.5～1L／㎡的沸石（Zeolite）以代替黏質土，雖然成本較高，但是可得到更好的效果。

沒有特別進行土壤改良時

堆肥施用量基準（每 1 ㎡）

堆肥名稱	每次施放量的上限
馬糞堆肥	約 1.0kg
牛糞堆肥	（主要為牛糞）約 1.0kg
豬糞堆肥	（主要為豬糞）約 0.5kg
發酵雞糞	0.2 ～ 0.3kg
樹皮堆肥	2.0 ～ 3.0kg
腐葉土	2.0 ～ 3.0kg

進行土壤改良時

1 施撒堆肥

施撒 3kg ／㎡左右的樹皮堆肥或腐葉土，使土壤蓬鬆

2 施撒黏質土

施撒 3kg ／㎡左右的黑土、赤土或水田土壤

3 充分耕耘

充分翻土耕耘深 20 ～ 30cm 的土壤，並且確實攪拌。來自於堆肥的有機物（腐植質）和黏土能形成團粒結構，增加保水力和保肥力

在土質改善前，應減少石灰資材的施用量。包含基肥在內的肥料，不需要變更施肥量，只要增加施肥次數、減少每一次施肥的量即可

改善黏質土

投入川砂、珍珠石和堆肥

用手指搓揉土壤會呈現細條狀的黏質土，其特徵是保肥力和保水性極佳，但是透氣性和排水性比較差。在踩踏壓實的狀況下，或是顆粒過於細緻時，保水性也會隨之變差。另外，黏質土給人總是濕潤的印象，不過有些情況下也會過於乾燥。

部分蔬菜像是芋頭或毛豆等，可在黏質土中順利栽培，若要栽種其他的蔬菜，則需要進行土壤改良。在下過雨後等土壤濕潤狀態下進行改良作業，會容易讓土壤結塊變硬，所以應在乾燥的狀態下，將川砂、珍珠石等土壤改良資材，以及土壤蓬鬆效果佳的樹皮堆肥或腐葉土施撒於土壤表面，接著充分耕耘整個田間。投入量的基準部分，改良土壤資材應為5L／㎡，堆肥為2～3kg／㎡。

每年持續放入堆肥

川砂、珍珠石等介質，會在土壤中產生物理性質的孔隙，所以具有速效性。另外，由於這兩種介質屬於礦物質，因此不會被分解，能維持長期間的效果。

每年持續投入相同量的堆肥，土壤就會逐漸團粒化。充分耕耘土壤也十分重要，能讓土壤變得鬆軟，改善透氣性和排水性。

由於黏質土容易變得過於潮濕，所以應設置排水通路以避免積水，或是必要時作出高畦。

關於施肥部分，依照通常的量和次數施肥即可。不過，若土壤很快就會結塊時，應減少每一次的施肥量、增加次數，並且在每次施肥時耕耘土壤表面，就能多少讓土壤變得鬆軟。

1 施放改良土壤的資材

施撒約 5L ／㎡的川砂、珍珠石或蛭石等資材

2 施放堆肥

每年施撒 2 ～ 3kg ／㎡的樹皮堆肥或腐葉土

3 充分耕耘

充分耕耘 20 ～ 30cm 深度的土壤，確實翻攪。河砂能打造出孔隙，和來自於堆肥的有機物（腐植質）及黏質土形成團粒結構，改善透氣性和排水性

省成本又簡單的土壤改良方法

於田間整體施撒珍珠石等混合，需要相當大量的資材，成本既高又花時間。如果無法準備如此大量的資材時，可先將堆肥攪拌於土壤後，於畦的下側放入珍珠石等資材，再和周圍的土壤充分混合，也能得到效果。

耕作層太淺的土壤

根系無法充分伸展

耕作層是指平常耕作，為了讓蔬菜伸展根系的柔軟土層。如果田間的耕作層不到15cm的話，就會讓蔬菜的根系無法充分伸展。因此在乾燥時，蔬菜會無法從土壤深處吸收水分而枯萎，地上部沒辦法健康生長，遇到強風就很容易使植株倒下而引起問題。根菜類則造成根部變短，形狀不良等問題。

另外，由於能使用的土壤量較少，所以能維持肥料的部分也會變少。結果就會容易引起肥料不足或肥傷等問題。

如果有耕土層的話可進行深耕

試著將支柱等插入土中，若未滿15cm時，可挖掘部分田間以調查原因（23頁）。

如果土壤內有耕土層，而且耕作層下方較硬，或是中間有較硬的土層時，可用圓鍬耕作至約30cm的深度。將撈

深耕

雖然用鋤頭只能耕耘20cm左右的深度，但是若插入圓鍬的話，就能耕耘至深度30cm左右。這時候應充分翻土耕耘，讓土壤更加柔軟

土的「圓鍬部分」完全插到土壤中，就能耕作至 30cm 左右的深度。

不過，若含有大量有機物的黑土層較淺時，也可以藉由深耕，和有機物含量少的下層土壤充分攪拌。如此一來，就能將堆肥拌入較深的位置，補充大量的有機物。

如果有礫石層的話，就作出高畦

耕作層下方如果是較厚的礫石層或岩盤，就無法進行深耕。因此這時候可藉由作出高畦，讓根系伸展的土層增加至20～30cm 左右。舉例來說，就算是地表往下 15cm 為礫石層的田間，只要作出高 15cm 的畦，就能讓根系伸展 30cm 的深度。如此便能栽種白蘿蔔等根菜類。

此外，雖然會花更多成本和勞力，不過也可以在田間鋪上一層適合栽種蔬菜的土，以增加耕作層。

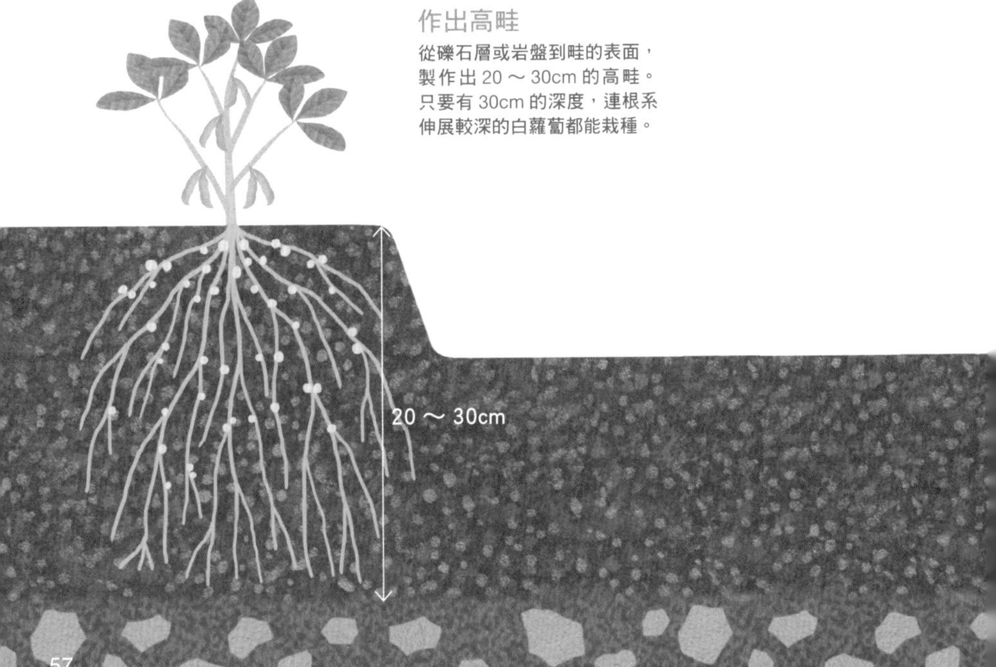

作出高畦

從礫石層或岩盤到畦的表面，製作出 20 ～ 30cm 的高畦。只要有 30cm 的深度，連根系伸展較深的白蘿蔔都能栽種。

地下水位太高的土壤

作出高畦，遠離地下水

地下水位太高的田間，由於土壤總是處於濕潤的狀態，除了像芋頭這種喜愛潮濕環境的蔬菜之外，都會讓根系生長不良，無法順利栽培成功。

最快速的解決方式，就是作出高畦栽種。如果地下水的位置距離地表只有 20 cm，只要作出 30 cm 左右的高畦，除了根系較長的蔬菜之外，大部分的蔬菜都能順利栽種。不過，高畦的高度也有極限。距離地下水不到 15 cm 的位置，就有必要進行暗渠排水，或是將地下水引至其他位置等作業。於田間表面盛土也有效果。

另外像是容易積水、下凹處、懸崖、斜坡下方的田間，作高畦也是一種有效的方式。只要排水性和透氣性能得到改善，蔬菜也能順利栽種。

改善土壤

礫石太多的土壤

慢慢去除石礫

耕作層中含有石礫的田間，由於石礫的關係使土壤含量比例較少，所以保水性和保肥力也較差，而且翻土也不容易。當圓鍬或鋤頭打到石礫的話，也很容易受傷，使用農業機械時更是危險。

若土壤中含有大量的石礫，一次要全部清除非常困難。不過只要有耐性地慢慢除去，最後一定能去除乾淨。

在尚未完全去除的期間，為了提升保肥力，每年可施放2～3 kg／㎡的樹皮堆肥或腐葉土，同時達到極佳的土壤蓬鬆效果。另外，為了避免出現肥傷問題，連同基肥在內，不需要改變總施肥量，只要減少每一次的施肥量，並且增加次數調整即可。

COLUMN

❶

為什麼日本的土壤多為酸性？

主要原因為多雨

日本的土壤大多是 pH 值 5.0 ～ 6.0 程度的酸性土壤。原因是土壤所含有的鹼性礦物元素 --- 鈣和鎂，會隨著雨水而流失的關係。而詳細的原理如下：

土壤的極小顆粒是由黏土和腐植質構成。這個小顆粒的表面帶有負電荷，能吸附帶有正電荷的鈣離子、鎂離子和鉀離子。

當酸性的雨水滲入土壤，會讓這個結合變弱，鹼性的鈣離子和鎂離子便會和雨水所含有的酸性氫離子結合，並流入地下。因此土壤就會酸性化。

鈣離子和鎂離子是植物生長不可或缺的元素。若缺乏這兩種元素，就會影響到生長。

酸性土壤的問題所在

那麼當土壤酸化時，到底會出現哪些問題呢？

最大的問題就是土壤中所含的鋁，會轉變成毒性強的鋁離子而溶出，對於植物的根系和植物本身造成不良影響。在許多植物當中，也有像杜鵑、藍莓和茶樹等能耐酸性土壤的種類，也就是說些植物就是能對抗鋁離子的毒性。

酸性土壤其所溶出的鋁離子會吸附並固定磷酸。因此作物就會無法利用磷酸，進而出現缺乏症狀。

另外，植物的根部會分泌有機酸（根酸），並且吸收所溶出的礦物質，但是當土壤酸性化，就會使根酸的效力降低。因此根部吸收肥料的能力也隨之下降，引起生長不良。此外有益的微生物也會因為土壤酸性化而減少。

第2章

肥料一探究竟

想知道關於肥料的這些知識！

肥料並不是施用愈多愈好。
重點在於理解適合的施放量、種類和時機。

想知道 肥料的基本

>>P64~69

想知道有機肥料和化學肥料的差異

>>P70~71

想知道肥料的施用方法和時機

>>P72~75

想知道調整
施肥量的基準

>>P76~77

想知道每種蔬菜
吸收肥料的特徵

>>P78~79

肥料種類太多了。
想知道如何挑選
適合的類型。

>>P80~95

想自己試著
製作
伯卡西肥

>>P96~97

為什麼需要肥料

植物生長的必須要素

和捕食其他生物才能存活的動物不同，植物可藉由光合作用自行合成碳水化合物（有機物）。必須要素為從根部吸收的水分、從葉片吸收空氣中的二氧化碳，以及太陽光的能源。話雖如此，只有從水分合成的碳水化合物，對於植物而言是不夠的。

植物在合成形體時，需要氮和硫。另外，從光合作用所獲得的碳水化合物，若要繼續合成生長所需的醣類及維他命時，鐵和銅也是不可或缺的。這些物質無法自行合成，所以必須要從外部吸收。

田間的養分無法循環

在大自然中的原野，枯萎的植物、落葉或是動物的糞便等，會直接殘留於土壤間，由土壤中的微生物分解後，歸還至土壤。這些分解的物質成為養分，再次由植物吸收生長。因此植物所需要的要素能自然循環，持續供給。

然而在人工環境的田間，卻無法如此循環。所栽種的蔬菜，會當作收成作物而帶出田間，雜草也會加以去除。土壤中當然也不會有動物的糞便。所以田間無法自然進行循環。因此人們就必須以肥料的形式，提供必要的養分。

另外，蔬菜是人們從野生植物中，選出可食用的種類，並且不斷加以改良成更碩大、美味的品種而來。因此所需要的養分也比野生植物更多。這也可以說是蔬菜需要肥料的原因之一。

需要肥料的原因

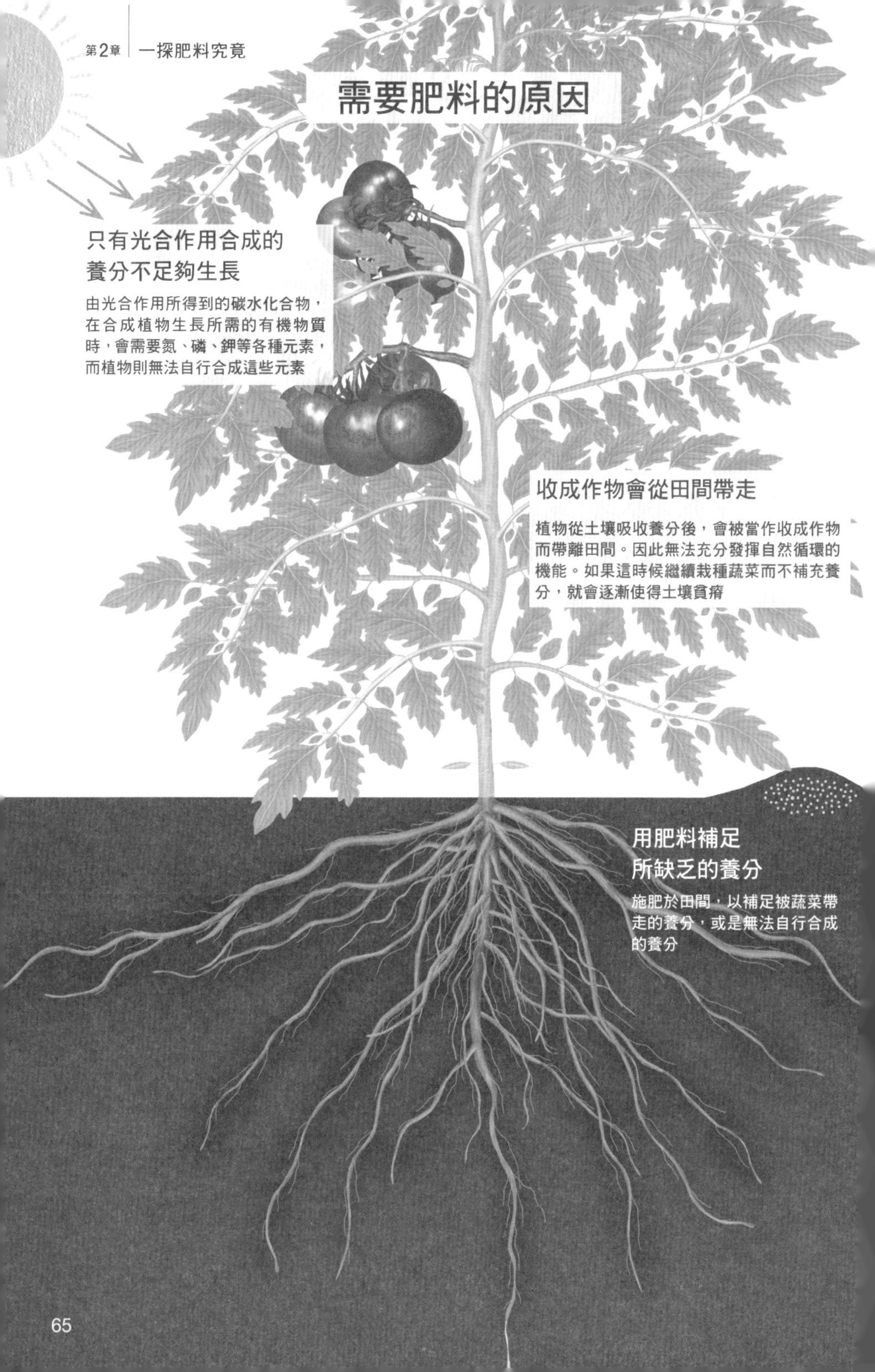

只有光合作用合成的養分不足夠生長

由光合作用所得到的碳水化合物，在合成植物生長所需的有機物質時，會需要氮、磷、鉀等各種元素，而植物則無法自行合成這些元素

收成作物會從田間帶走

植物從土壤吸收養分後，會被當作收成作物而帶離田間。因此無法充分發揮自然循環的機能。如果這時候繼續栽種蔬菜而不補充養分，就會逐漸使得土壤貧瘠

用肥料補足所缺乏的養分

施肥於田間，以補足被蔬菜帶走的養分，或是無法自行合成的養分

植物的必要元素

17種必要元素

就如同人體生存有所謂的「必需營養素」一樣，植物也有必須要攝取的17種「必要元素」。其中碳（C）、氧（O）、氫（H）可由水或空氣的形式，從根部或葉片吸收，所以不需要特別施肥。

剩下的14種類，主要是從根部吸收。在這14種類中，吸收量最多的6種必要元素稱為「多量元素」。其中特別重要的氮（N）、磷（P）、鉀（K）又稱為「肥料的三要素」，施放肥料時會以這3種為主。

其他像是鐵（Fe）等8種元素則稱為「微量元素」，雖然吸收量少，但卻是生長不可或缺的元素。微量元素可藉由施放堆肥或有機肥等有機物質以供給土壤。

植物的必要元素

	碳（C） 氧（O） 氫（H）	可從大氣或土壤中的水分及二氧化碳吸收，所以不需要特別施肥。
多量元素	氮（N） 磷（P） 鉀（K） 鈣（Ca） 鎂（Mg） 硫（S）	乾燥植物體中含有0.1%以上的元素稱為多量元素。其中氮、磷、鉀稱為「肥料的三要素」，是非常重要的元素。鈣和鎂加上三要素又稱為「五要素」。肥料本身就含有硫，所以不需要特別施放。
微量元素	鐵（Fe） 銅（Cu） 錳（Mn） 鋅（Zn） 硼（B） 鉬（Mo） 氯（Cl） 鎳（Ni）	乾燥植物體中含量在0.1%以下的元素稱為微量元素。可由堆肥供給，因此通常不會以肥料的形式施放。

肥料三要素

氮（N）
也稱為「葉肥」，是莖葉及根系生長不可或缺的元素。也是打造植物形體的蛋白質中重要的構成要素之一

磷（P）
也稱為「花肥」或「果肥」。幫助莖葉及根部的伸長，促進開花結果。除了是構成植物體的成分之外，也和植物的生命活動有關

鉀（K）
也稱為「根肥」，能讓根系和莖部更加強韌。能讓蛋白質合成、細胞伸長、光合作用等植物的生理作用順利進行

訣竅

標示三要素成分量的數字

在肥料包裝上所標示的「N・P・K＝8・8・8」數字，這是代表肥料的三要素分別含有的比例（%）。在這種情況下，代表100g的肥料中分別含有8g的氮、磷、鉀。

※一般而言，大多以氮（N）、磷（P）、鉀（K）標示，不過磷是指磷的氧化物（P_2O_5），鉀則是指鉀的氧化物（K_2O）

多量元素的缺乏及過剩症狀

	缺乏症狀	過剩症狀
氮	從下側的葉片開始依序變黃。生長衰弱，葉片和植株高度也變小。	葉片呈現深綠色，過於茂密，延遲開花或結果。植株變得軟弱，容易感染病蟲害。
磷	從老舊的下側葉片開始變成紫色，生長衰弱，植株整體變小。難以開花或結果。	雖然不太會出現症狀，不過有可能會引起缺鐵情況。
鉀	從老舊葉片的葉尖開始黃化，新葉呈現暗綠色，生長狀況差。	比較不會出現症狀。由於會影響到鎂的吸收，所以可能會引起缺乏鎂的症狀。
鈣	葉尖呈現黃白色，最後呈現褐色，果實的前端（底部）變黑（尻腐病）。土壤呈現酸性。	雖然不容易直接出現症狀，但是會讓土壤呈現中性或鹼性。
鎂	無法合成葉綠素，葉脈間黃化，光合作用能力下降。症狀會從老舊的下側葉片開始出現。	雖然不容易出現症狀，不過會妨礙鈣或鉀的吸收，引起缺乏症狀。
硫	葉片整體黃化變小。若使用硫酸銨或硫酸鉀時，幾乎不會出現缺乏症狀。	很少會直接出現症狀。

肥料的種類和特徵

根據原料差異來分類

肥料的種類極多，也可以從各種觀點來分類。其中之一就是用原料的差異來分類。經常聽到的「有機肥料」和「化學肥料」，就是以原料區分。

有機肥料是由動物的糞便及米糠等，以動物性或植物性的有機物當作原料製成。化學肥料則是透過化學性過程，主要是由無機物製作而來（70頁）。

根據肥效或形狀分類

另外也有根據肥料出現效果的時間，以及持續時間來分類。

施用後立刻見效，但是效果並不持久的稱為「速效性肥料」。雖然也可以當作基肥，不過由於效果快速，所以較適合當作追肥。化學肥料中的氮和磷，基本上屬於此類型。

而效果緩慢且持久的類型則稱為「緩效型肥料」，適合當作基肥。有機肥料大多屬於此類型。

除此之外，也有用形狀來分類。粉末狀的肥料雖然效果出現的快，但是也有容易分散、使用不便等缺點。改善這些缺點的就是顆粒狀及圓球狀的肥料。其他還有速效性的液體肥料。

關於肥料的效果，如果是固態肥料的話，一般而言粉末顆粒愈小就愈容易出現效果，而顆粒愈大則愈慢。另外，效果的持續時間為顆粒愈小愈短，愈大則愈能維持長久。應根據目的和栽培蔬菜的特性來區分使用。

肥料的種類和效用

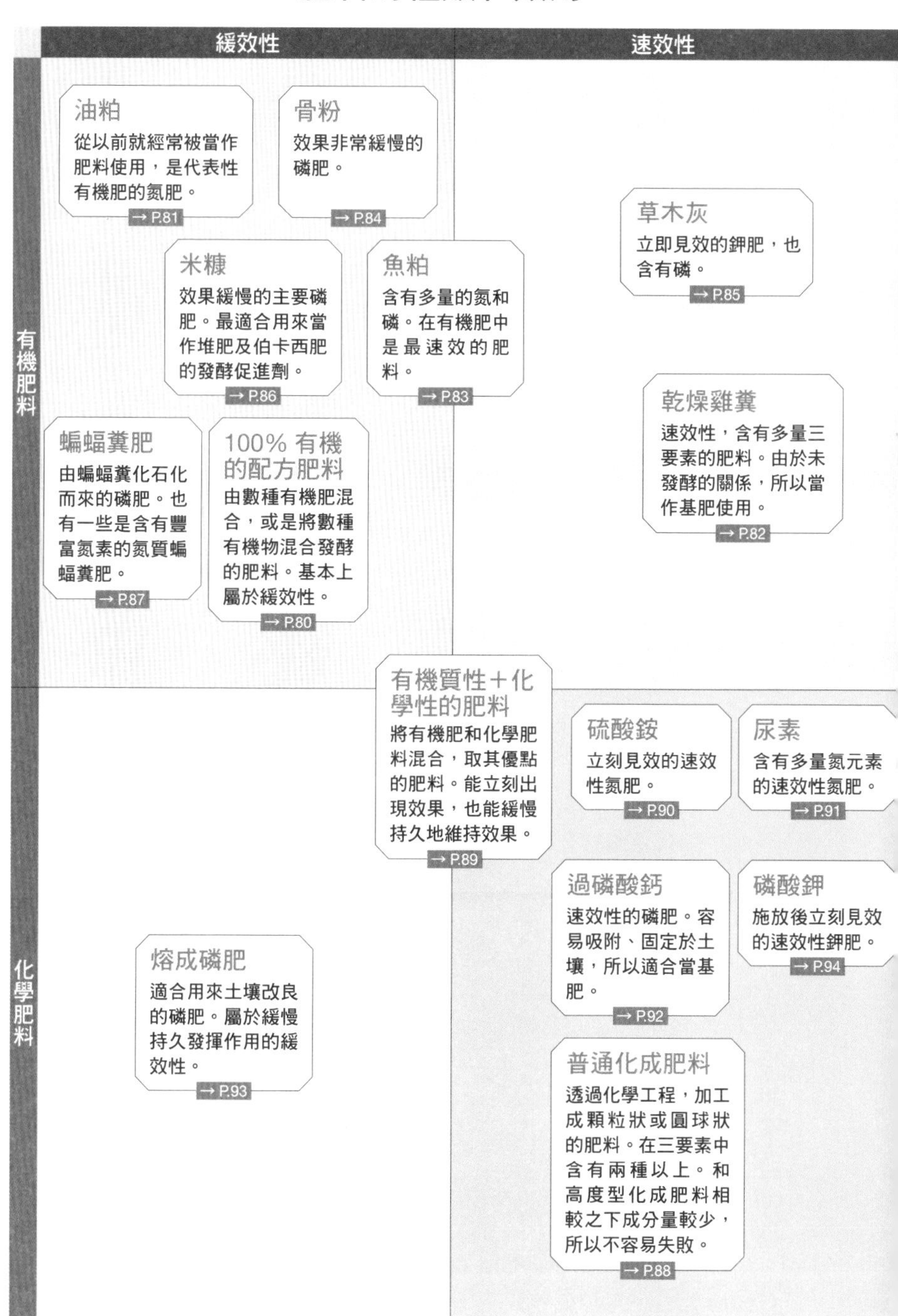

緩效性
速效性
有機肥料
化學肥料
油粕
從以前就經常被當作肥料使用，是代表性有機肥的氮肥。
→P.81
骨粉
效果非常緩慢的磷肥。
→P.84
草木灰
立即見效的鉀肥，也含有磷。
→P.85
米糠
效果緩慢的主要磷肥。最適合用來當作堆肥及伯卡西肥的發酵促進劑。
→P.86
魚粕
含有多量的氮和磷。在有機肥中是最速效的肥料。
→P.83
乾燥雞糞
速效性，含有多量三要素的肥料。由於未發酵的關係，所以當作基肥使用。
→P.82
蝙蝠糞肥
由蝙蝠糞化石化而來的磷肥。也有一些是含有豐富氮素的氮質蝙蝠糞肥。
→P.87
100% 有機的配方肥料
由數種有機肥混合，或是將數種有機物混合發酵的肥料。基本上屬於緩效性。
→P.80
有機質性＋化學性的肥料
將有機肥和化學肥料混合，取其優點的肥料。能立刻出現效果，也能緩慢持久地維持效果。
→P.89
硫酸銨
立刻見效的速效性氮肥。
→P.90
尿素
含有多量氮元素的速效性氮肥。
→P.91
過磷酸鈣
速效性的磷肥。容易吸附、固定於土壤，所以適合當基肥。
→P.92
磷酸鉀
施放後立刻見效的速效性鉀肥。
→P.94
熔成磷肥
適合用來土壤改良的磷肥。屬於緩慢持久發揮作用的緩效性。
→P.93
普通化成肥料
透過化學工程，加工成顆粒狀或圓球狀的肥料。在三要素中含有兩種以上。和高度型化成肥料相較之下成分量較少，所以不容易失敗。
→P.88

有機肥料和化學肥料的差異

需要透過微生物分解的有機肥料

有機肥料是用動物性或植物性的有機物當作原料的肥料。有機肥的種類繁多，其中有用骨粉、魚粕、米糠等單一原料製成的類型，也有混合數種單一原料的有機肥而來的類型，甚至還有將其發酵後的種類。

有機肥會由土壤中的微生物分解，再主要以無機物的形式從根部吸收，所以效果緩慢而持久。有機肥料就是土壤中微生物和動物的食物，因此能增加這些生物的種類，讓土壤的生物相更加豐富。結果就能避免危害蔬菜的特定微生物及動物異常繁殖。

不過，有機肥必須經過微生物的分解，才能當作肥料為蔬菜所利用，所以肥料效果（肥效）也會隨著土壤的狀態而有極大的差異，無法按照所計算的產生效用等等，也有其使用上的不便之處。

只要溶於水就能產生效果的化學肥料

化學肥料是經由化學性工程製造而來的肥料。有些人會認為肥料是由石油合成而來，不過主要的原料其實是礦物、岩鹽，以及空氣中的氮氣等，存在於自然界的無機物。也稱作無機質肥料。

化學肥料若只含有三要素（氮、磷、鉀）其中的一種肥料成分，稱之為「單肥」，含有兩種以上則稱為「複合肥料」。另外，在複合肥料中，由化學反應製作而來，或是將原料混合成顆粒狀成形的類型稱為「化成肥料」。化學肥料所含有的成分量非常精準，基本上只要溶於水就能使根部吸收，所以和有機肥不同，施用肥料和肥料效果的關係非常明確。因此可說是誰都能簡單使用的肥料。另外，若使用單肥時，只要在精準位置或時期施放必要的肥料即可。

有機肥料
如何發揮效用
所施放的肥料，會藉由土壤中的生物慢慢分解成蔬菜根部能吸收的無機物。所以肥料效果需要一段時間才會出現
化學肥料
如何發揮效用
由於化肥屬於無機質肥料，所以施放後只要溶於水，就能立刻由蔬菜的根部吸收。因此肥料效果很快就能出現

基肥的施放方法

將必要量的一部份當作基肥施放

所謂基肥，是指栽種蔬菜前事先施放於土壤中的肥料。栽培期間所需要的肥料量（總必要量），會根據不同作物而異。如果將全部的肥料量都當作基肥施放，會引起肥傷而傷害到根系。無法吸收的部分可能會流出土壤，造成地下水污染。

因此將總必要量的部分當作基肥施放，剩下的份量則分成數次當作追肥施放。不過小松菜及菠菜等葉菜類的栽培期間短，所需要的肥料量也比較少，因此一般而言只要施放基肥就已足夠。

施肥的方法有２種

施放基肥的時期，應於投入石灰資材後間隔１週後，化學肥料的場合應於栽種１週以前，有機肥料會根據種類、施用時期和方法而異，不過大多都是在栽種２～３週前施放。施放方法可分為「條溝施肥」和「全面施肥」，兩種都分別有適合的蔬菜，因此建議區分使用（左圖）。

在肥料三要素中，施放基肥時氮和鉀只要施放總必要量的一半。而磷肥不容易在土壤中移動，若在追肥施放於土壤表面，也無法到達根系伸展的土壤下方。所以基肥可施放全部的量。只要依照這個原則進行施肥，將單肥加以組合就很簡單。

如果是家庭菜園經常使用的N・P・K＝8・8・8等由三要素等量配合的化成肥料，若將磷酸的總量當作基肥施放，會使氮和鉀肥過多。因此可配合氮的量決定施肥量，不足的磷再用過磷酸鈣來補足。使用有機肥時，每種肥料所含有的成分和成分量都不同，所以需要經過精密的計算。

全面施肥

於田間整體施撒肥料，充分翻土耕耘後再作畦

適合的蔬菜

白蘿蔔、紅蘿蔔等根系筆直往下伸展的根菜類，或是栽培密度高的小松菜、菠菜等葉片較軟的葉菜類

施肥

決定栽種作物的位置，於栽種位置下方挖出深 15～20cm 的條溝，放入肥料後作畦。也稱為條施法

適合的蔬菜

栽培期間長的番茄、茄子等果菜類，或是栽培期間偏長的高麗菜或白菜等

追肥的施放方法

配合蔬菜的生長狀況施放

追肥是配合作物生長狀況，於栽種後所施放的肥料。根據蔬菜的種類不同，施放的時機也會有些微的差異，不過基肥的肥效大約於栽種 1 個月後就會結束，之後每個月施放 1 次追肥即可。

磷會在基肥全部施放，所以追肥只要施放氮和鉀就好。使用化學肥料時，可用單肥加以組合，或是直接使用 NK 化成肥料（只含有氮和鉀的化成肥料）。另外，雖然也可以使用含有三要素的化成肥料，不過所含的磷會在下一次栽培時發揮作用。

追肥適合使用可立刻發揮效果的肥料。如果使用有機肥的話，應將油粕等有機物發酵，去除氣體危害的風險，或是施用效果較快的伯卡西肥（96 頁）、發酵雞糞，以及速效性的魚粕或草木灰等。在施放這些肥料時，應充分和土壤混合，就能促進分解。

施放的位置在於根尖前方

追肥施放的位置，是在根尖的稍前方。因為吸收養分和水分的部位，主要位於根尖附近的根毛，所以只要施放在這個位置，根系就會為了吸收肥料而伸展。雖然無法看到根系的位置，不過一般而言，根系都是伸展於地上部的外圍，所以可以此為基準，決定施放位置是在植株之間、畦的兩側或是走道。有鋪上覆蓋布時，可將覆蓋布掀起，再施放於畦的兩側或走道。

在施肥時，可劃出淺溝或挖出淺穴。接著撒上肥料後，再輕輕混合土壤，最後覆蓋上土壤即可。

追肥的施用方法

觀察蔬菜狀況的同時，於栽種約 1 個月後進行。為了讓養分能到達根尖，因此肥料應施放於植株的外圍。因此施放位置有可能是在植株之間、畦的兩側或是走道等，會根據植株的大小而改變

鋪有覆蓋布時

當田間鋪有覆蓋布時，可將覆蓋布掀起，並施放於畦的兩側。劃出淺溝或挖出淺穴，施灑肥料後再混合土壤。之後於溝上覆蓋土壤，並將覆蓋布歸位

調整施肥量

保肥力較低的土壤應減少每次的施肥量

施肥量除了會因蔬菜種類而異之外，也會隨著土壤種類而有變化。擁有適度保肥力的土壤（呈現黑色，形成團粒結構），由於具有儲存肥料的作用，所以肥料能慢慢發揮作用。然而在保肥力差的砂質土施放相同量的肥料，所施放的肥量會同時發揮作用，引起肥傷。因此在栽培期間不需要改變肥料的總計量，只要減少每次的施肥量，增加施肥次數即可改善。不只是追肥，連基肥的量也要減少。土壤中含有多量石礫，或是耕作層較淺等，土壤量少而造成保肥力低的情況也一樣。

殘留肥料的土壤應減少基肥

土壤中殘留大量肥料時，若依照平常的施肥量會引起肥傷，因此需要減少施肥量。土壤中殘留多少肥料，可藉由測定EC值（電導度）得知（26頁）。若數值為0.3 mS（毫西門子；milli-siemens）／cm以下的話，依照平常的基準施肥即可。如果是0.3～0.5 mS／cm就減少1～2成，是0.5～0.8 mS／cm就減少3～4成，0.8 mS／cm以上的話就減少5成左右，以此基準減少基肥的量。

此外，也應觀察生長狀態的同時，以追肥微調施肥量。像是葉片呈現深綠色時，就代表肥效過猛。可延遲追肥開始施放的時期，接著維持每次施肥量，並減少次數。

反之葉片太小，或是呈現黃色時，就代表肥料不足。這時候可提早施放追肥，接著維持每次的施肥量，並且增加追肥次數。

保肥力大的土壤示意

土壤的保肥力（以袋子示意）大，所以能維持較多的肥料，不易引起肥傷，或是隨著雨水流失。同時也能將所吸附的養分慢慢提供給植物

保肥力小的土壤示意

土壤的保肥力（以袋子示意）小，一旦施肥就會同時發揮作用而引起肥傷。也很容易因為下雨而流失

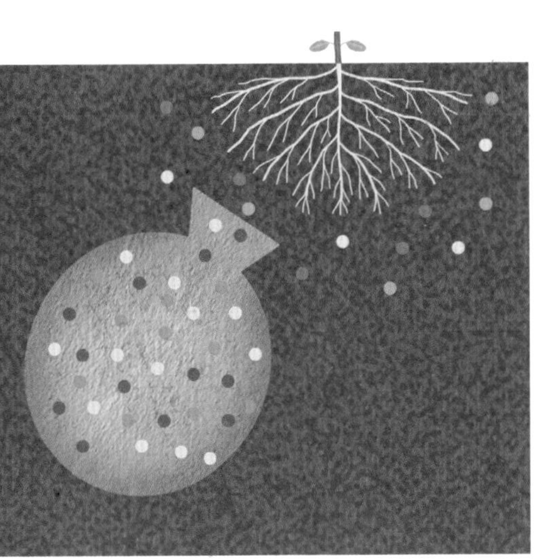

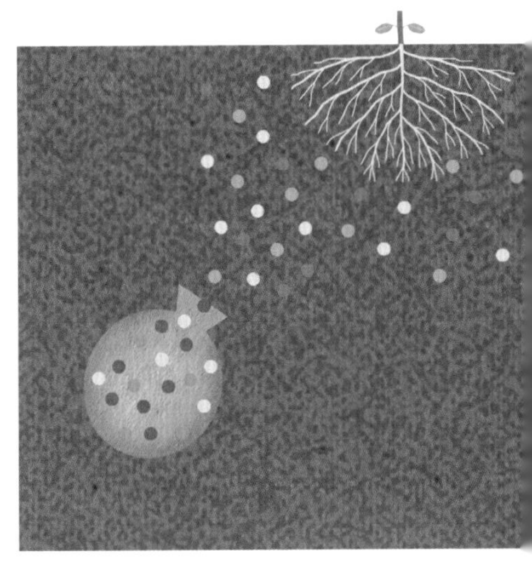

肥料過多

葉片呈現深綠色。如果是番茄的話，會出現葉片表面凹凸不平，往內捲等症狀

肥量適量

莖葉的顏色鮮綠。如果是番茄的話，葉片會輕輕往內捲

肥料不足

出現葉片偏小，葉色偏黃等症狀，整體呈現纖弱感

不同類型的追肥時機

了解每種蔬菜的肥料吸收類型

雖然說是「蔬菜」，像是菠菜為葉片，番茄為果實，紅蘿蔔則是根部等，所食用的部位也會根據種類而異。而莖葉則需要氮，果實需要磷，根部需要鉀，每種部位生長所需的肥料也有所不同，三要素的必要量也會根據所栽種的蔬菜種類而異。

另外每種蔬菜的生長方式也都不一樣，吸收肥料的時機點和程度也都會有所變化。反過來說，只要根據每種蔬菜的肥料吸收類型施肥，就能採收品質更高的蔬菜。

D 類型

後半段斷食型

洋蔥及馬鈴薯等

養分的吸收量會隨著生長而增加。食用部分是由葉片或莖部變化而來。如果養分隨時都充足的話，食用部分就不會肥大，所以在接近採收期的時候應使肥料剛好缺乏。應均衡給予三要素。

青花菜及花椰菜等

雖然養分吸收量會逐漸增加，不過養分若隨時都充足，會無法分化成食用部位的花蕾。在花芽生長的時期，應減少肥料。除了氮之外，促進花芽生長的磷也很重要。

N P K

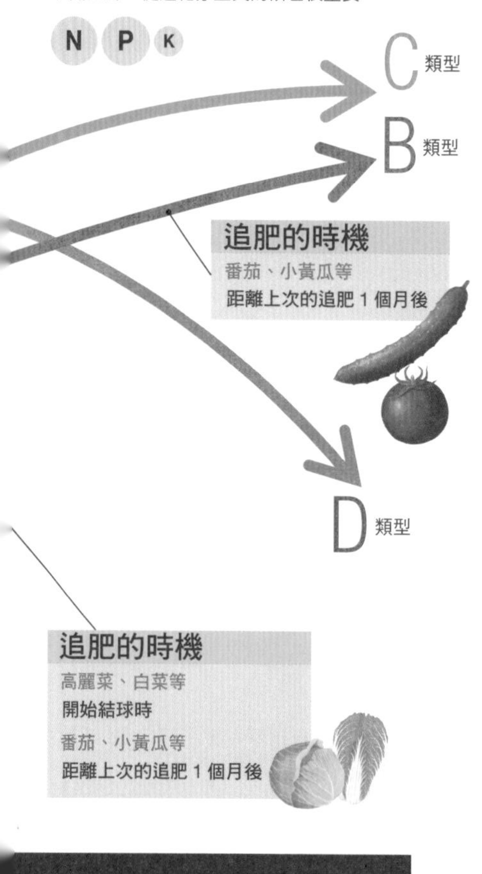

A類型 先發型

菠菜或小松菜等

養分吸收量會逐漸增加。栽培期間較短，所以在基肥就可施放所有的必要量。促進葉片生長的氮肥特別重要。

B類型 持續型

高麗菜或白菜等

養分吸收量會逐漸增加。由於生長期間長，所以應持續施用肥料。促進莖葉生長的氮較重要。

番茄和小黃瓜等

養分吸收量會逐漸增加。開始結果實後，植株的生長和果實的肥大會開始同時進行，所以肥料的必要量也會增多。除了氮肥之外，能促進果實生長的磷也很重要。

C類型 重點型

西瓜或香瓜等

養分的吸收量會逐漸增加。幾乎都是同時開花、結果，因此這時期的吸收量會急速增加。可在這個時機點施用追肥。除了氮之外，促進結果的磷肥也很重要

N P K

紅蘿蔔

初期的生長較緩慢，到了後半段根部會快速肥大。養分的吸收也會突然增加，所以可配合間拔進行追肥。除了氮之外，促進根部粗大的磷，以及促進根部茁壯的鉀也很重要。

N P K

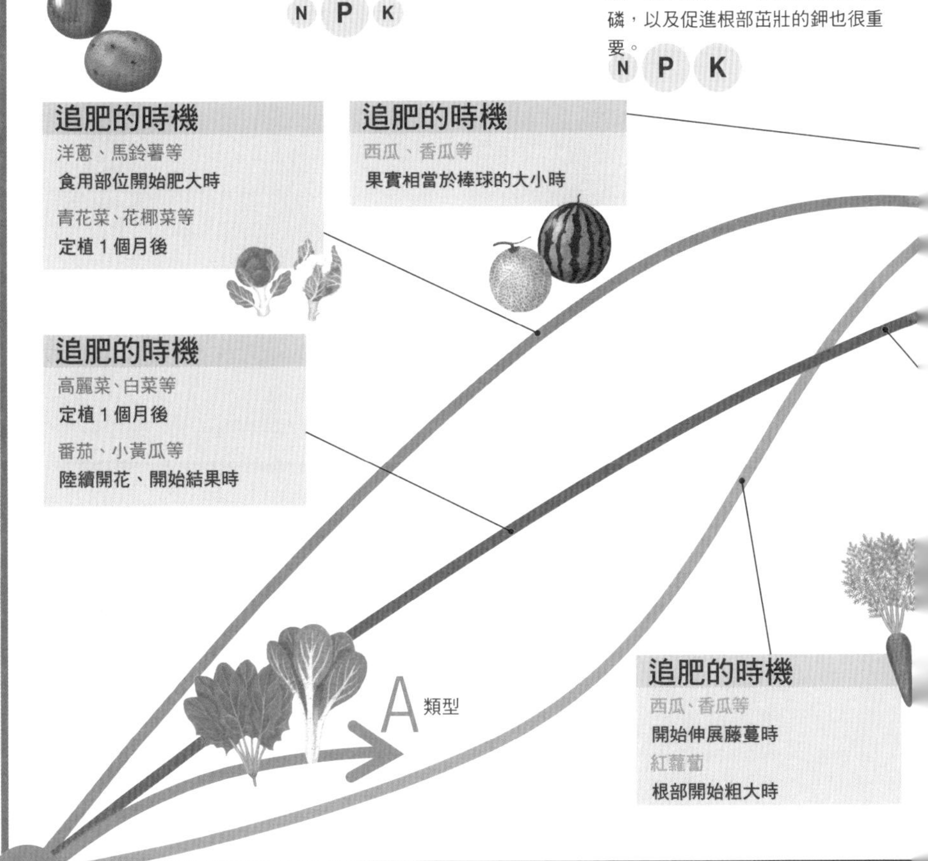

100% 有機的配方肥料

使用方法／雖然根據產品而異，不過大部分的產品都能當作基肥、追肥使用

成分比／根據產品而異

將數種有機物調配成方便使用的型態

特徵

是由數種有機肥料和有機物，調配成肥料成分均衡的肥料。種類繁多，包含只是將有機物單純混合、已經發酵完成、或是將發酵完成和未發酵的有機質肥料混合的類型。也有些是在１００％的有機物原料中，加入經由化學加工而成的顆粒狀化成肥料的種類。

由於原料為有機物，所以含有微量元素，具有土壤改良的效果。基本上效果緩慢而且持久。

使用方法

效果和使用方法會根據產品而異，應看清楚包裝標示再選購。若要當作追肥使用的話，建議選擇已發酵完成的類型。

有機肥料（主要為氮肥）會藉由土壤微生物分解，讓根部能夠吸收。為了增加和土壤的接觸面積，重點在於施用後應充分攪拌土壤。尤其是施用追肥時，確實混合土壤才能促進分解。

MEMO

有機肥料基本上都是慢慢發揮效果。使用條溝施肥時，由於施用於土壤下方，所以土壤微生物的分解速度較慢，建議施肥時應於條溝中和周圍土壤充分混合。

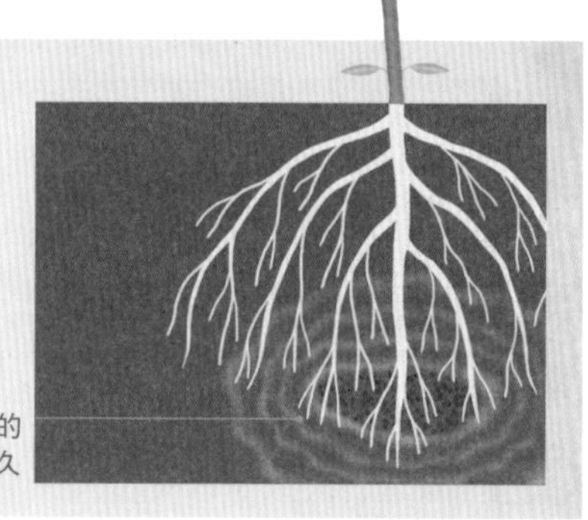

一般而言有機肥料的效果發揮較慢且持久

油粕

使用方法／
基肥、追肥、伯卡西肥的材料

成分比／N・P・K＝5～7・1～2・1～2等

作用	慢	快
肥料成分的種類	多	少
整土效果	高	低
使用方便性	易	難
CP值	高	低

代表性有機肥料的氮肥

特徵

油菜籽或大豆榨油後的殘渣。其中油菜籽的油粕，是從以前就經常使用的肥料。雖然磷和鉀的含量極少，不過特徵是氮的含量非常多。

可透過土壤中的微生物分解，由於效果緩慢，所以適合當作基肥使用。

使用方法

發揮效果需要一定的時間，在分解過程中也會釋放出有機酸和氣體，有可能會對作物造成不良影響，因此應在栽種前2～3週施撒於表面，接著和土壤充分混合。

另外，如果只用油粕栽培蔬菜，會造成磷和鉀不足。若堅持有機的話，磷可用骨粉，而鉀則建議用草木灰補充。如果不在意是否為有機的話，磷可用過磷酸鈣，而鉀可用磷酸鉀搭配施用。鉀也可以透過追肥補充。

油粕還能放入水中使其發酵，當作液態肥料使用。另外，油粕也是製作伯卡西肥的最佳材料。

MEMO

將1L油粕和10L的水混合，放置2個月使其發酵。稀釋成5倍，以每週1次的頻率施放。雖然味道比較刺鼻，不過可製作出效果極佳的液態肥料。由於已經發酵完成，因此可立刻發揮效用，也不會引起生長障礙。

乾燥雞糞

使用方法／基肥

成分比／N・P・K＝4～6・5～6・3等

作用	慢	快
肥料成分的種類	多	少
整土效果	高	低
使用方便性	易	難
CP 值	高	低

能和普通化成肥料匹敵的肥料成分

特徵

乾燥雞糞是由雞糞乾燥而來。

雞的飼料會根據蛋雞和肉雞而不同，同時每間養雞場也會有所差異，因此糞便所含有的成分也都不一致。

然而，其共通點是三要素的含量都比較多，和牛糞不同，可當作肥料使用。

來自於蛋雞的雞糞其磷含量較多，同時也有石灰含量較多的傾向。

使用方法

由於乾燥雞糞是處於未發酵狀態，因此應當作基肥使用。

吸收水分後容易散發惡臭。避免發酵熱或氣體傷害作物，應於栽種1個月以前施放於土壤，並且和土壤充分攪拌。只要和土壤混合就不會散發惡臭。經過一段時間後，乾燥雞糞會逐漸分解成作物能吸收的形式。

肥料成分多，所以施用量建議控制在500g／m²以下。另外也能當作伯卡西肥的材料，或是製作堆肥時的發酵促進劑。

MEMO

由於乾燥雞糞尚未發酵，所以只能當作基肥使用。於栽種1個月前，全面施放於田間並充分和土壤混合，以促進分解。以條溝施肥時，應和周圍的土壤充分混合，避免集中同一處。若肥料集中在一處，很容易產生發酵氣體而傷及作物。

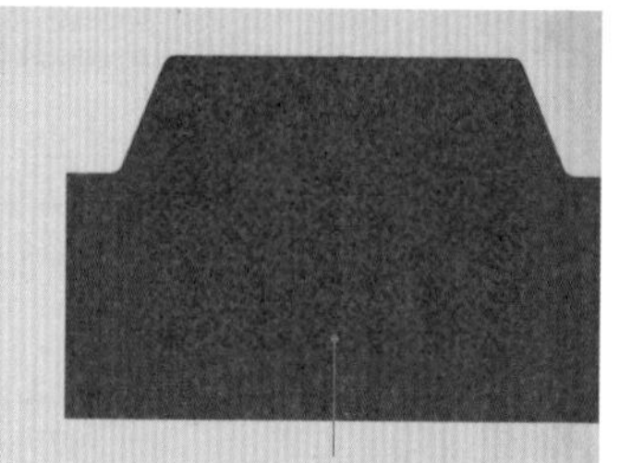

當作基肥全面施用於田間

魚粕

使用方法／基肥、追肥

成分比／N・P・K＝6～8・5～6・1等

作用	慢	快
肥料成分的種類	多	少
整土效果	高	低
使用方便性	易	難
CP值	高	低

含有多量的氮和磷，能促進風味

特徵

將魚類熬煮後壓榨，去除水分及油脂並乾燥而來。氮含量多，磷的含量差距較大，幾乎不含鉀。

在有機肥料中屬於速效性肥料，除了基肥之外，如果是栽培期間較長的蔬菜類，也能當作追肥利用。含有多量的微量元素，能促進果菜類或葉菜類蔬菜的風味。

使用方法

當作基肥使用時，應於栽種前2週左右施用於田間，並且混入土壤中。特別注意若魚粕露出土壤表面，有可能成為鳥類、動物或蟲類的食物。當作追肥使用時，應在根系即將伸展的位置挖出條溝或孔洞，施放後再覆土。

若同時當作基肥和追肥使用時，由於魚粕不含鉀，堅持用有機肥的話可加入草木灰，不在意有機的話則可用硫酸鉀補足。另外，若將磷含量偏少的油粕當作基肥使用時，若配合磷的需求量施撒，可能會造成氮過多。施肥量應以100～150g／㎡為基準，磷不夠的話再用骨粉或過磷酸鈣補足即可。

MEMO

使用於追肥時，只有魚粕會造成鉀的缺乏，因此可放入草木灰或磷酸鉀補足。由於魚粕的原料是魚類，所以露出土壤表面時，可能會吸引鳥類、小動物或蟲類前來食用。請一定要確實埋入土中。

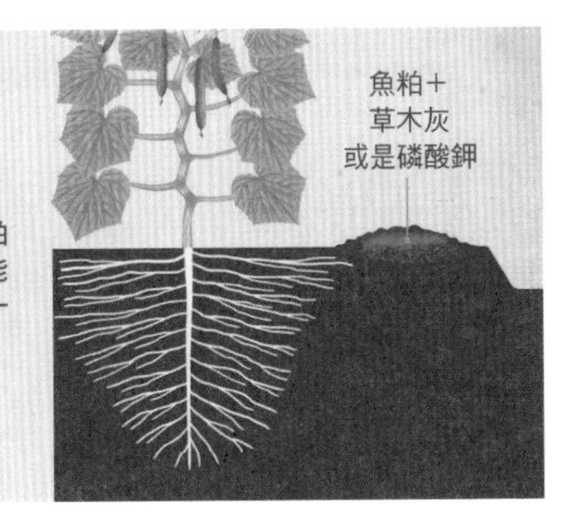

骨粉

使用方法／基肥、伯卡西肥的材料、土壤改良

成分比／N・P・K＝3・14～20・0等

作用	慢	快
肥料成分的種類	多	少
整土效果	高	低
使用方便性	易	難
CP值	高	低

緩慢發揮效果的磷肥

特徵

雖然種類可區分為好幾種，不過最常見的是將豬骨或雞骨以高溫的蒸氣處理，再將其乾燥、粉碎製成的蒸製骨粉。

成分含量會根據原料及製造方法而異，不過共通點是磷的含量豐富。骨粉所含有的磷酸屬於「枸溶性」，會藉由根系或微生物所分解的有機酸而慢慢溶出。效果出現的很緩慢，而且具有持久性，所以可當作基肥使用。

目前牛骨粉因為BSE（狂牛病）的關係，使製造法受到嚴格限制，所以幾乎沒有出現在市面上。

使用方法

由於骨粉溶出緩慢，所以應在栽種前1個月放入土壤混合。如果無法儘早準備時，建議和效果快速的過磷酸鈣及草木灰併用。若要早點發揮出效果，可以用分解快速的顆粒型，若想增加產生有機酸的微生物，則建議和堆肥混合後施用。

另外，如果和其他有機物混合發酵，製作成伯卡西肥時，還能促進植物的吸收。

MEMO

如果想加速肥料的效果，可以和堆肥混合後施放。磷是藉由微生物釋放的有機酸溶出，因此只要增加微生物，就能加速溶解磷。

草木灰

使用方法／基肥、追肥

成分比／N・P・K＝0・3～4・7～8等

作用	慢	快
肥料成分的種類	多	少
整土效果	高	低
使用方便性	易	難
CP 值	高	低

增進果菜類風味的速效性鉀肥

特徵

將草類或樹木枝條燃燒後的灰燼。雖然成分及含量會根據所燃燒的植物而異，不過主要的肥料成分為鉀。除此之外也含有少量的磷和鈣，一般而言幾乎不含氮。

雖然大多利用為基肥，不過由於本身具有速效性，所以也能當作追肥使用。

草木灰含有微量元素，因此能提升果菜類蔬菜的風味。

使用方法

成分含量會根據產品而有所差異，應確認包裝上的標示再購買。

當作基肥使用時，建議搭配鉀含量較少的油粕、發酵雞糞或魚粕等一起使用，就能使肥料保持均衡。當追肥使用時，在果菜類開花前施放更有效。

由於草木灰容易被風吹散，所以在施撒後應立刻混合土壤。同時和硫酸銨或過磷酸鈣一起施放會讓效果減半，應盡量避免。

由於草木灰含有石灰（鈣），所以還能用來調整土壤的pH值。不過若只用草木灰來調整的話，會造成鉀含量過高，因此建議和貝化石或苦土石灰併用。

MEMO

由於草木灰含有微量元素，所以能促進果菜類的風味。在開花前可當作追肥施用。施用後應充分和土壤混合，以避免被風吹散。

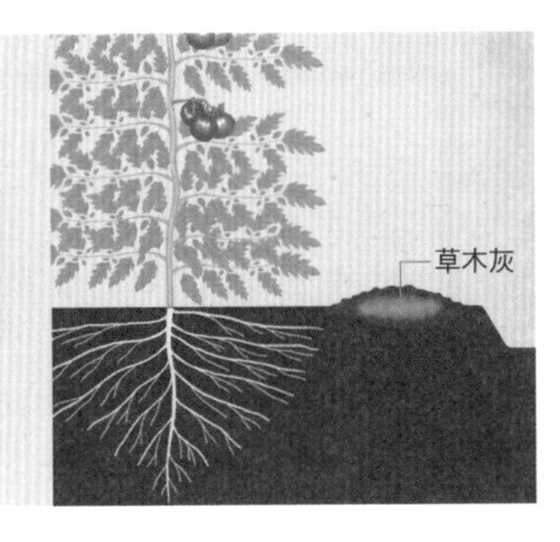

米糠

使用方法／基肥、伯卡西肥或堆肥的發酵促進劑

成分比／N・P・K＝2～2.6・4～6・1～1.2等

作用	慢	快
肥料成分的種類	多	少
整土效果	高	低
使用方便性	易	難
CP 值	高	低

緩慢發揮效果的磷肥

特徵

在精製糙米時所產生的米糠。分成可以在米店或無人精米機取得的生米糠，以及當作肥料販售的脫脂米糠（榨油後的殘渣）。

含有大量的磷，同時也含有氮和鉀。糖分和蛋白質也很豐富，所以能當作微生物的食物，促進土壤微生物的活動。

使用方法

當作肥料使用時，比較方便的是脫脂米糠。由於分解速度緩慢，可在栽種前2週當作基肥施放，並且和土壤充分混合。

生的米糠含有較多的脂肪成份，所以分解比較慢，而且很容易累積在土壤中，有可能因此而成為害蟲或雜菌的溫床。

因此生的米糠比起肥料，更適合用來當作製作堆肥及伯卡西肥的發酵促進劑。生米糠能讓微生物大量增加、促進腐熟，所以在製作堆肥和伯卡西肥時，能避免發出惡臭。

此外，保存時就算長蟲也不會影響效果。

MEMO

生的米糠在製作堆肥時，可當作發酵促進劑。米糠可成為微生物的食物，促進發酵，所以不太會產生惡臭。在每100kg的落葉、稻草或枯草中，可加入300～500g的米糠混合。

蝙蝠糞肥

使用方法／基肥

作用	慢	快
肥料成分的種類	多	少
整土效果	高	低
使用方便性	易	難
CP 值	高	低

成分比／N・P・K＝0.5～2・10～30・0等
（磷酸質的情況下）

由蝙蝠糞而來的磷肥

特徵

市面上較常見的是磷質蝙蝠糞肥，是由蝙蝠糞在洞窟中堆積成的化石而來。同時也參雜著蝙蝠的屍骸及昆蟲等。由於受到周圍環境的影響，所以成分也會根據收集場所而異。

所含有的磷屬於枸溶性（84頁），所以能緩慢釋出磷肥，而且效果持久。

使用方法

雖然磷質蝙蝠糞肥大多使用於基肥，不過氮和鉀卻容易缺乏。若堅持有機肥的話，氮肥可用油粕，鉀肥可用草木灰補足。若不講究有機肥的話，則可用硫酸銨、硫酸鉀補足。

另外，由於蝙蝠糞肥含有大量的鈣，根據產品的含量不同，有時候甚至不需要施撒石灰資材。

此外還有堆積年數較短，所以含有大量氮肥的氮質蝙蝠糞肥。這種類型除了基肥之外，也能當作追肥使用。

不論是哪種類型，其成分都會根據產品而有明顯差異，所以最重要的就是看清楚包裝標示。

MEMO

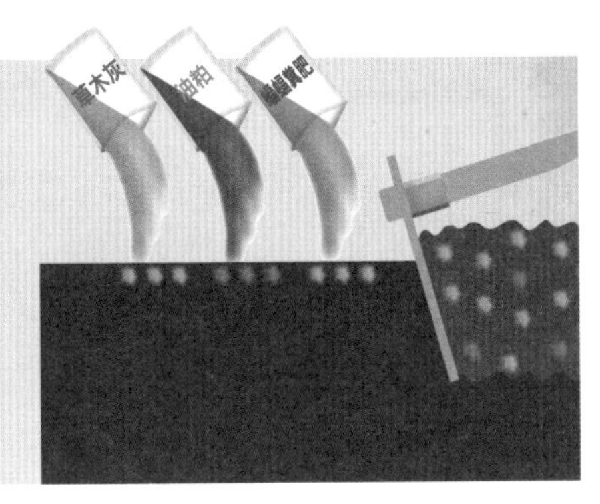

磷質的蝙蝠糞肥當作基肥使用。不過單獨使用會使氮和鉀不足，建議和油粕及草木灰一起施放。

普通化成肥料

使用方法／基肥、追肥

成分比／N・P・K＝8・8・8為常見類型

作用	慢	快
肥料成分的種類	多	少
整土效果	高	低
使用方便性	易	難
CP 值	高	低

施撒容易，能均勻施放

特徵

在氮、磷、鉀三要素中同時含有2種以上的成分，經由化學加工成顆粒狀或圓球狀的肥料稱為「化成肥料」。顆粒的形狀、大小和每個顆粒的成分都很平均，所以特徵是施撒容易，而且能均勻施放。

其中三要素的成分含量合計15%以上，未滿30%的類型稱為「普通化成」。一般常見的是氮、磷、鉀各含有8%的「888」類型。

另外也有三要素成分含量合計30%以上的「高度化成」，和高度化成相較之下，普通化成的成分含量少，所以比較不會因為施放過量而失敗，新手也能安心使用。

使用方法

一般屬於速效性，三要素含量相同的類型大多當作基肥使用。

有時候也會用來當作追肥，不過這時候的磷會在下一期栽種時發揮作用。因此追肥建議使用只含有氮和鉀的「NK化成肥料」。

MEMO

使用條溝施肥時，將肥料放入條溝後不需混合土壤，直接從上方覆蓋土壤，就能讓氮肥長期間發揮效用。若和土壤混合，氮很快就會轉化成根部吸收的形式，因此容易隨著雨水或水分流失。

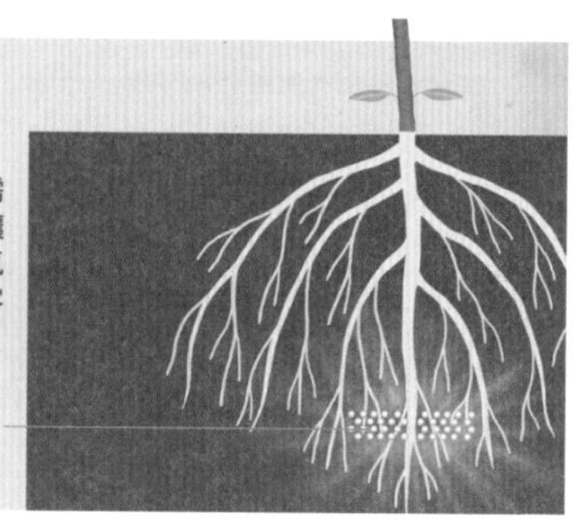

有機質性＋化學性的肥料

使用方法／也有基肥、追肥皆可使用的類型

成分比／根據產品而有各種比例

兼具肥料和整土效果

特徵

化學肥料的肥料成分安定，雖然使用起來簡單，不過若只用化學肥料，會使土壤的有機物缺乏。因此將具有整土效果的有機肥料或有機物，加上化學肥料而調製成此種類型的肥料。

市售的產品種類繁多，不過大多是由速效性的化學肥料，和緩效性的有機肥料混合而成，所以能立即見效，同時又能長期間維持效果。

此外，許多產品多同時含有三要素等複數成分，所以只要施用一種即可。

甚至還有在當作基肥的有機化成肥料中，加入效用時期不同的數種披衣（coading）肥料，只要最初施用一次就好，之後不需要再施放追肥。另外也有配合蔬菜肥料的吸收平衡，販售數種不同的類型。

使用方法

特徵和使用方法都依產品而異，所以應詳細確認包裝標示，根據自己的目的選擇適合的類型。

基本上是使用於基肥，不過也有可同時使用於基肥和追肥的類型。

MEMO

由速效性的化學肥料，和緩效性的有機肥料組合而成的類型，不論基肥和追肥都適用。

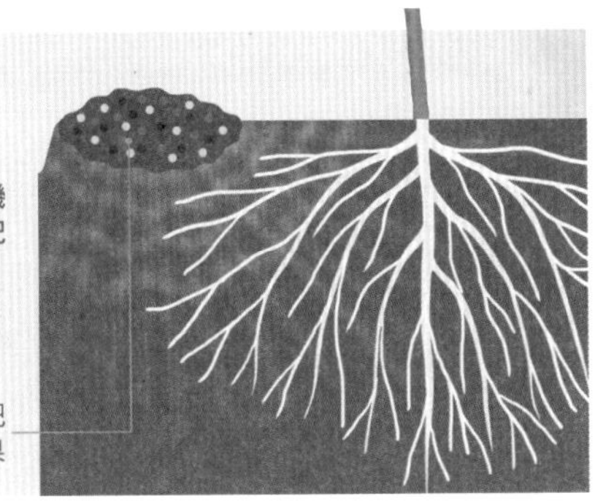

使用於追肥時，化學肥料的成分可發揮出效果

硫酸銨（硫銨）

使用方法／基肥、追肥

成分比／N＝21

作用	慢	快
肥料成分的種類	多	少
整土效果	高	低
使用方便性	易	難
CP 值	高	低

使用方便的氮肥

特徵

硫酸銨屬於化學肥料的一種，而且是三要素中只含有氮的單肥。易溶於水，可立刻發揮出效果。氮的含量多達21%，價格也比較低廉，是使用起來簡單方便的肥料。

效果的持續期間約為1個月，高溫多雨的時期會稍微短一些。

使用方法

當施用硫酸銨時，作物在吸收肥料後會留下副成分的硫酸，使土壤酸性化。因此在栽種前，應事先調查土壤的pH值，在必要時投入石灰資材。不過，若和硫酸銨同時施放，會使最重要的成分──含有氮的氨氣揮發至空氣中，所以應在7～10天前施放石灰，並且和充分土壤混合。

硫酸銨能立刻被作物吸收，若一次大量施用，很容易引起肥傷等障礙。當作基肥使用時，建議施放量為25～75g／㎡，施用追肥時每次應控制在25～50g／㎡範圍內。

當作基肥使用時，應和磷肥和鉀肥一起施放，當作追肥時則應搭配鉀肥施放。

MEMO

硫酸銨會使土壤酸化，所以在栽種前應事先調查土壤的pH值。若有需要投入石灰資材時，應於施放硫酸銨的7～10天前散布，並與土壤充分混合。

栽種前應事先調查土壤的pH值

硫安

4.0 4.5 5.0 5.5 6.0 6.5 7.0 7.5 8.0 8.5

事先施放石灰資材

尿素

使用方法／基肥、追肥、液態肥料

成分比／N＝46

作用	慢	快
肥料成分的種類	多	少
整土效果	高	低
使用方便性	易	難
CP 值	高	低

也能當作液態肥料的氮肥

特徵

尿素屬於化學肥料的一種，是在三要素中只含有氮的單肥。極易溶於水，而且效果出現的也非常快，適合當作追肥，不過也能當作基肥使用。氮含量高達46％之多，也經常應用於高度化成的原料。另外，還能將尿素溶於水，當作液態肥料使用。

使用方法

由於氮成分含量多，所以要注意避免施放過量。每次的施肥量應控制在20g／㎡以內。尤其是氣溫較高的季節，由於分解較快，因此更容易出現生長障礙。

當作液態肥料使用時，可用水稀釋100～200倍。當根部變得衰弱，或是想要立刻發揮肥料的作用時，可稀釋成200～300倍後，直接噴灑於葉片會更有效。用水稀釋的尿素請一次使用完畢。

尿素很容易吸附濕氣而結塊，剩下的肥料應確實密封保存。也可以購買一次使用完畢的量。用手碰到吸水溶解的尿素，有可能造成肌膚粗糙。

MEMO

尿素也很適合葉面施灑。當蔬菜因為缺肥而使葉色變黃，或是生長不良時，可用 200～300 倍的水稀釋（每 1L 的水加入 3.3～5g 的尿素混合），再噴灑於葉片，就能立刻發揮效果。

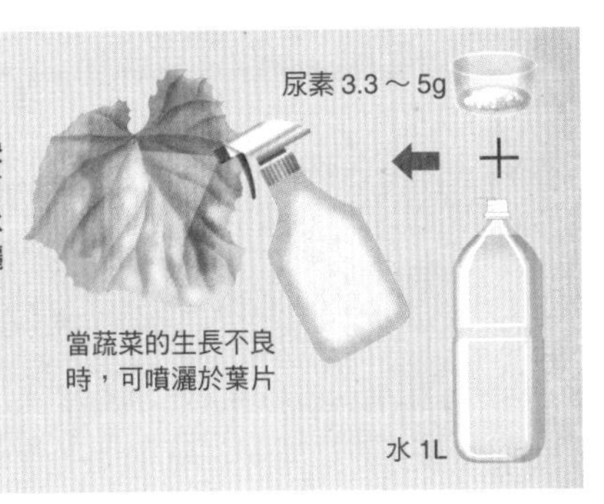

過磷酸鈣

使用方法／基肥

成分比／P＝17～20
（其中水溶性磷酸14～17）

作用	慢	快
肥料成分的種類	多	少
整土效果	高	低
使用方便性	易	難
CP值	高	低

適合當作基肥的磷肥

特徵

過磷酸鈣屬於化學肥料的一種，是含有14～17％水溶性磷酸的單肥。能立刻溶於水，轉換成根部能吸收的形式，不過就算在追肥時施放，磷酸也難以在土壤中移動，無法由根部吸收，所以只在基肥時施放。

就如同其名，過磷酸鈣也含有石灰（鈣）成分，不過幾乎是呈現中性，所以不具有調整土壤pH值的作用。

使用方法

和土壤混合後，磷酸會被土壤中的鋁和鐵吸附、固定，使得作物無法加以吸收利用，所以建議和堆肥混合後，施放於畦的下方或全面施肥，以減少和土壤接觸的面積。

此外，黑土等火山灰土壤吸附、固定磷酸的能力較強，所以可增加施放量。酸性土壤的磷酸吸附力也會偏強，所以應進行pH值的調整。

不過若將石灰資材、草木灰和過磷酸鈣同時施放，磷酸會轉變成難以溶於水的型態，使蔬菜無法吸收。要調整pH值的話，應於施放磷酸前1週進行。

MEMO

混合堆肥後施放於畦下方，磷就不容易被土壤中的鋁及鐵吸附、固定，能讓蔬菜有效率地利用。

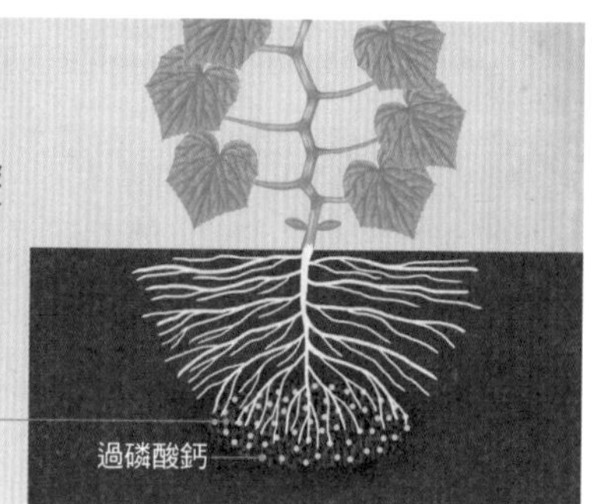

熔成磷肥（溶磷肥）

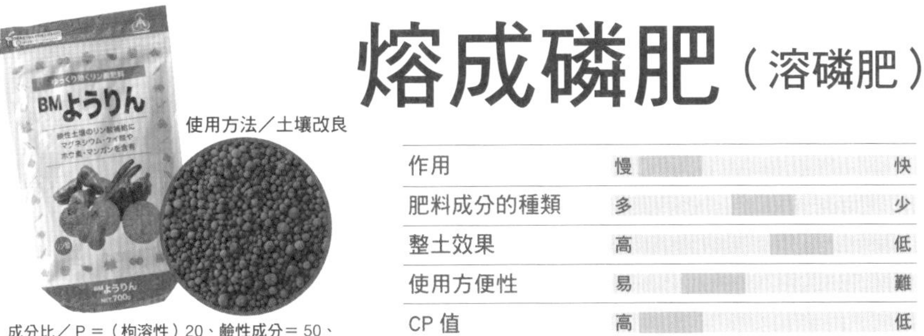

成分比／P＝（枸溶性）20、鹼性成分＝50、石灰＝15、硅酸＝20

作用	慢	快
肥料成分的種類	多	少
整土效果	高	低
使用方便性	易	難
CP 值	高	低

最適合用來土壤改良的磷酸肥料

特徵

熔成磷肥屬於化學肥料的一種，含有 20% 的枸溶性磷酸，這種磷酸會藉由植物根系或微生物分泌的有機酸而緩慢溶解。

主要使用於火山灰土壤的土壤改良。火山灰的土壤含有多量的鋁，這些鋁會吸附及固定磷酸，造成土壤容易缺乏磷酸。而熔成磷肥不易溶於水，所以不容易被鋁吸附及固定。此外，熔成磷肥含有 50% 的鈣成分，同時具有調整土壤 pH 值的效果。

使用方法

通常會使用於第一次開墾農田的土壤改良。在施放基肥的 3～4 週前，投入 200～300 g／m² 後，再和土壤充分混合。磷酸難以在土壤中移動，所以應進行深耕並且施放在土壤的下方。

熔成磷肥的磷酸發揮效果的時間比較慢，可在基肥中另外施用過磷酸鈣等磷肥。也不需要再另外施放石灰資材。

熔成磷肥的質地為結晶狀，用手直接接觸容易得到接觸性皮膚炎，使用時請特別注意。

MEMO

使用於第一次開墾為田間的土壤改良。在施用基肥 3～4 週前，投入 200～300g／m²後，再和土壤充分混合。和苦土石灰同樣具有 pH 值調整的作用，所以不需要再施放石灰資材。

硫酸鉀

使用方法／基肥、追肥、液態肥料

成分比／K＝50

作用	慢	快
肥料成分的種類	多	少
整土效果	高	低
使用方便性	易	難
CP 值	高	低

最適合地薯類的速效性鉀肥

特徵

硫酸鉀是屬於化學肥料的一種，含有 50% 易溶於水的鉀，屬於速效性的單肥。溶於水的鉀多少能保持在土壤中，所以不只是追肥，同時也能當作基肥利用。和同樣是鉀肥的氯化鉀不同，就算使用於地薯類，也不會造成纖維質過多。

同時也經常應用於化成肥料或配方肥料的原料。

使用方法

可搭配硫酸銨等氮肥，當作追肥使用。等量含有三要素的化成肥料雖然方便，不過使用於追肥時，磷酸只能在下一期栽培時發揮作用。所以將單肥組合使用比較適當。

另外也可以用水稀釋 100～200 倍，當作液態肥料使用。適合當作果菜類的追肥。

成分含量多而且速效，因此很容易造成肥料過剩。要注意除了會引起肥傷外，可能還會妨礙鎂和鈣的吸收。另外還會因為副成分的硫酸，而造成土壤酸性化，所以土壤的 pH 值也要特別注意。

MEMO

和同為鉀肥的氯化鉀不同，就算使用於地瓜或馬鈴薯，也不會造成纖維質太多。建議和氮肥的硫酸銨、磷肥的過磷酸鈣一起當作基肥使用。

學會看肥料的標示

仔細看肥料的包裝，都會有小字寫著「生產業者保證票」、「指定配合肥料生產業者保證票」、「依據肥料取締法標示」的欄位。

看起來似乎很難懂，而且通常也會懶得去看，其實上面記載了非常重要的資訊。這是依照法規義務標示，而類型也根據肥料種類而分成好幾種。

下圖就是其中一例。如果只看商品名稱，不知道是哪種肥料時，只要看保證成分量或原料種類，就可以知道其特徵。

另外，根據肥料種類不同，也有些肥料沒有標示的義務。

由此可得知肥料所含有的肥料成分比例。此標示為含量的保證值，有時候實際的含量會更多。如果為「依據肥料取締法標示」時，會顯示「主要成分的含量等」，標示實際的含有量。

此標示的有無會根據肥料的種類而異。只要看此標示，就能大概得知肥料中含有哪些原料。會以含量多少順序排列。

生展業者保證票

登記編號	生第○○○○○號	
肥料種類	化成肥料	
肥料名稱	蔬菜化成 888 肥料	
保證成分量（%）	氮全量	8
	磷酸全量	8
	其中枸溶性磷酸	3
	鉀全量	8

原料種類

（保證氮全量或所含有的原料）

尿素、骨粉（蒸製骨粉）、動物殘渣粉末（肉渣粉末）

備註：1　是以氮全量的比例由大到小依序列出。

2　〈 〉內為骨粉類及動物殘渣粉末的內容。

3　蒸製骨粉是來自於牛及豬。

4　肉渣粉末是來自於豬。

（以農林水產大臣認可的製法所製造的原料）

蒸製骨粉

備註：蒸製骨粉是以農林水產大臣認可的製法，將沒有混合牛脊椎的骨粉製造而來。

淨重	10kg
生產日期	記載於包裝

生產者姓名或是名稱及地址

蔬菜田株式會社　東京都新宿區市谷船河原町○○

生產者事業場名稱及地址

蔬菜田製作所　東京都新宿區市谷船河原町○○

通常標示著少見的名稱，這是登記或申請用的名稱。也就是所謂的正式名稱。

藉由根部分泌的有機酸溶解，使作物吸收的磷酸比例。無法立刻發揮效果，因此效果較持久。

原料含有牛的部位時，會標記不含有狂牛病的來源──牛腦和脊髓等。

製作伯卡西肥

再次促進分解的肥料

植物無法直接吸收油粕、魚粕等有機肥料。這些有機肥料會透過微生物分解成無機物，轉換成植物能夠吸收的型態。因此需要一段時間才能發揮肥效，必須在栽種2～3週前事先施放於土壤中。

另外，在分解時會產生熱和氣體，若分解不足還會造成蔬菜的生長障礙。此外，肥料還有可能招來害蟲。能解決這些問題的肥料，就是這個「伯卡西肥」。

伯卡西肥是在施放於田間前，將有機肥料事先發酵，促進分解至蔬菜能夠直接利用的型態。製作伯卡西肥，可說是將田間土壤中所進行的有機質分解過程，移到田間以外的地方進行。

可立刻發揮肥效

藉由混合數種有機質肥料，就能製作出富含微量元素，品質優良的伯卡西肥。若能充分發酵，對於蔬菜的不良影響極少，也能迅速吸收，所以可以在栽種前1週施放。另外，由於很快就能出現肥效，因此還可以當作有機農法的追肥。

伯卡西肥可根據97頁的程序簡單製作。雖然可從總量10 kg開始製作，不過一次製作40～50 kg較容易促進發酵，提高品質。此外，在發酵時會散發出強烈的惡臭，所以建議在不影響到他人的場所製作。

而製作完成的伯卡西肥，請儘早使用完畢。

伯卡西肥的製作方法

1 將有機肥混合，加入水

將有機肥（油粕、骨粉、魚粕）混合，加入水直到用手可捏成塊的程度，並充分翻攪。

材料

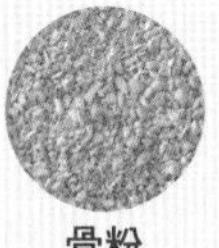

魚粕　骨粉　油粕

用油粕 3kg、骨粉 1kg、魚粕 1kg 製作時，應準備水 3 ～ 4L、田間土壤 5kg，以及 20L 帶有蓋子的桶子。此比例可製作出氮 2.4%、磷 2.6%、鉀 0.4%左右的伯卡西肥（正確的成分量會根據所使用的有機肥成分含量而異）。

2 將肥料和土層疊

將表面往下 1 ～ 2cm 的微微濕潤田間土壤，準備和 1 有機肥料相同的量。放入桶子中，和 1 的有機肥料交互層疊。

3 蓋上蓋子使其發酵

桶子的最上方鋪上土層，使土層能吸收惡臭。為了讓空氣能流通，可於蓋子和桶子之間夾入木棒，作出空隙。

4 上下翻攪

放入桶中 2 週後，由於內容物開始發酵，可於每週 2 ～ 3 次用小鏟子上下翻攪。

5 稍微乾燥後保存

經過了 1 ～ 2 個月，不再出現惡臭時即可完成。若能立刻使用最好，不過如果要保存時，可稍微乾燥後，放入較厚的紙袋中保存。

COLUMN

❷

土壤是如何形成的？

土壤最初來自於岩石

土壤理所當然的遍佈於我們生活的周遭。土壤能讓各種植物伸展根系，提供土壤微生物和土壤動物棲息之地，是生態系非常重要的場所，而土壤又是如何誕生的呢？

土壤的形成和太陽、風雨等風化作用，以及生物的存在有著密不可分的關係。

地球在剛誕生時，地球的表面只有岩石存在。歷經漫長的歲月，藉由太陽熱和風雨的風化後，使岩石破碎而成。

破碎後的碎片會在移動的同時，堆積成細小的石頭或砂粒，此外也隨著頻繁的火山活動，噴發並沈積火山灰。

和生物的關係不可或缺

而開始棲息在土壤中的生物，就是能藉由光合作用合成能源生存的地衣類（一種菌類。和藻類為共生關係），以及只要有無機物就能生存的特殊微生物。

這些生物所分泌的物質能溶解石塊及砂粒，並且繼續分解成更細小的顆粒。

接著這些生物的屍體，會以有機物的形式堆積在土壤，成為微生物的食物或植物的養分。

另一方面，從石塊或砂粒所溶解出的成分，會和水反應形成黏土。

而透過有機物分解的腐植質具有黏膠作用，將風化分解而來的砂粒和黏土聚集在一起，慢慢使土壤團粒化。

當土壤形成後，所生長的植物種類就會增加。結果就會使落葉等供給土壤的有機物隨之增加，接著提供更多植物生長。

經由這樣的過程，歷經了數千年、數萬年的長年歲月，最後終於形成我們所看到的土壤。

第3章

進階的整土

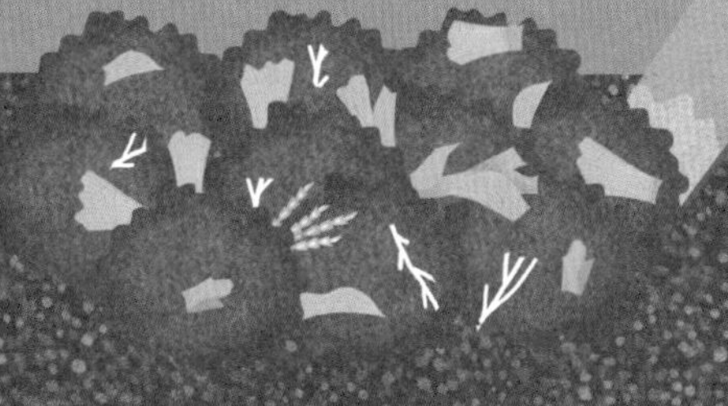

土壤和連作障礙

連作障礙的症狀範例

感染青枯病的蕃茄。初期會在晴天的白天枯萎，到了夜晚就會恢復，但是在這樣不斷重複的過程中，最後會漸漸無法恢復而枯死

感染線蟲害的小黃瓜根部。主因為根瘤線蟲及根腐線蟲，使根部長出根瘤，降低養分及水分的吸收

連作障礙的症狀

在相同的田間持續栽種同一科的蔬菜，有可能會讓蔬菜的生長不良，並且容易罹患嚴重的病害或蟲害。這就是所謂的「連作障礙」。

其中代表性的症狀就是線蟲所造成的蟲害。根瘤線蟲會寄生在植物的根部，妨礙水分和養分的吸收。觀察根部可以看到根瘤有如串珠般連接在一起，所以能明顯判斷。

同樣是因為根瘤，使水分和養分的吸收受到阻礙的根腐病，則是由土壤傳染的土壤病害，而且只會感染十字花科。當幼苗期感染到根腐病，有可能會造成枯死，不過如果是後半段的生長期感染，就只會出現輕微的症狀。

除此之外，茄科植物經常出現青枯病，葫蘆科則是經常出現蔓割病等許多種類的土壤病害，會引起葉片枯萎、黃化，嚴重甚至造成枯死。

連作障礙的原因

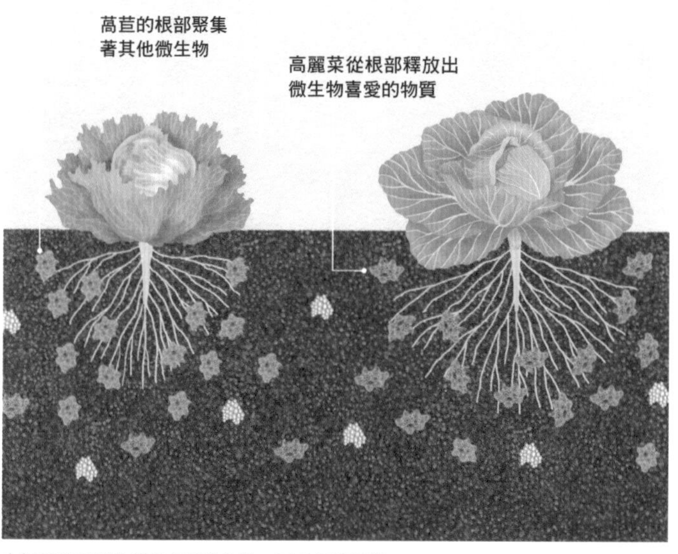

由根部分泌的物質會吸引微生物，因此每種蔬菜容易聚集特定的微生物

①使特定的微生物增加

土壤中存在著各式各樣的微生物。其中有能夠分解肥料，轉換成蔬菜能夠吸收的形式，對於蔬菜有益的微生物，而另一方面，土壤也存在著會引起疾病的病原菌。

植物的根系會分泌微生物的食物——有機物、糖及胺基酸等，而土壤中的微生物會受到這些物質的吸引而聚集於周圍。微生物也有喜好，再加上相同科的植物通常會分泌類似的物質，所以如果持續栽種相同科的蔬菜，所聚集的微生物很容易呈現出相同的種類。

也就是說，如果持續栽種相同科的作物，就會破壞生物相的平衡，使專門感染此科的病原菌密度增加。結果就會增加土壤病害的發生機率。

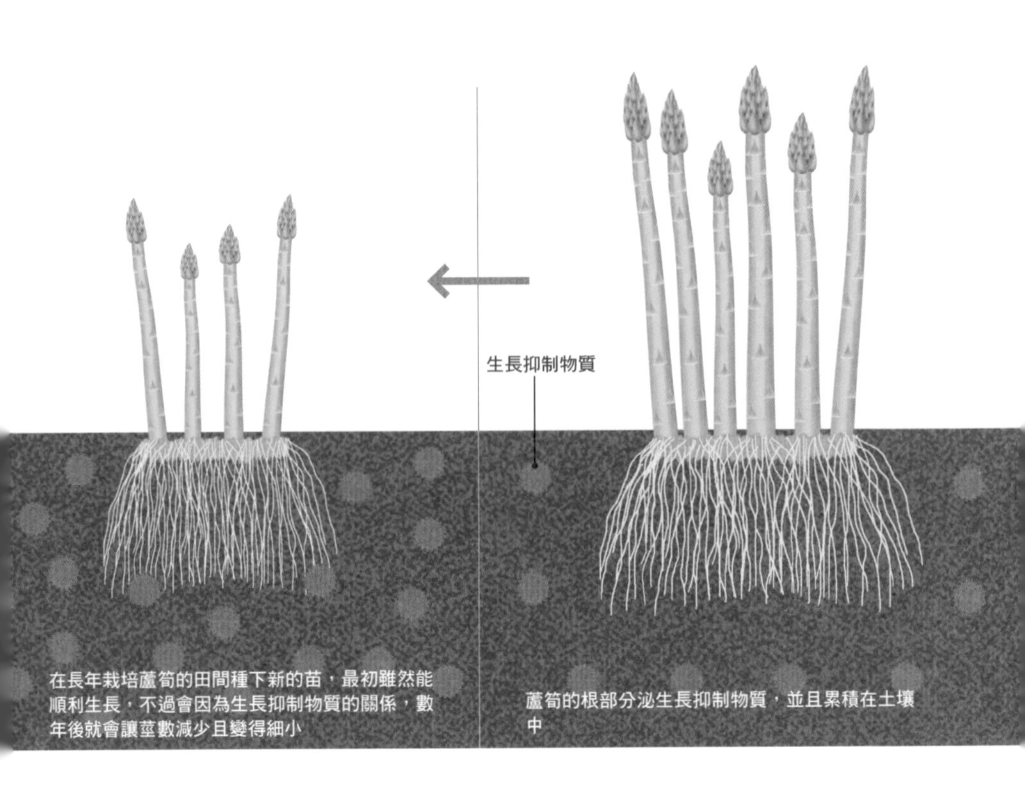

②因為生長抑制物質而產生自毒作用

植物為了保護自己，會從根部分泌抑制其他植物生長的物質。藉由一種稱為「相剋（allelopathy）」的作用，分泌生長抑制物質，以阻止其他植物生長於周圍，但是這種物質的濃度如果太高，也會影響到植物本身的生長。因此就會產生所謂的自毒作用，使生長衰弱。

哪些蔬菜會出現這種作用，如今仍在研究的過程當中，不過這也是連作障礙的原因之一。

雖然不是蔬菜，不過最常見的例子就是雜草的一種「加拿大一枝黃花」。

加拿大一枝黃花在某段時期，曾經席捲日本全國各個荒地，不過如今只能在少數地方看到其蹤影。這就是因為分泌了抑制其他植物生長的物質，擴大自己的勢力，卻因為增加過剩的關係，造成植物本身也受到影響而無法生長。

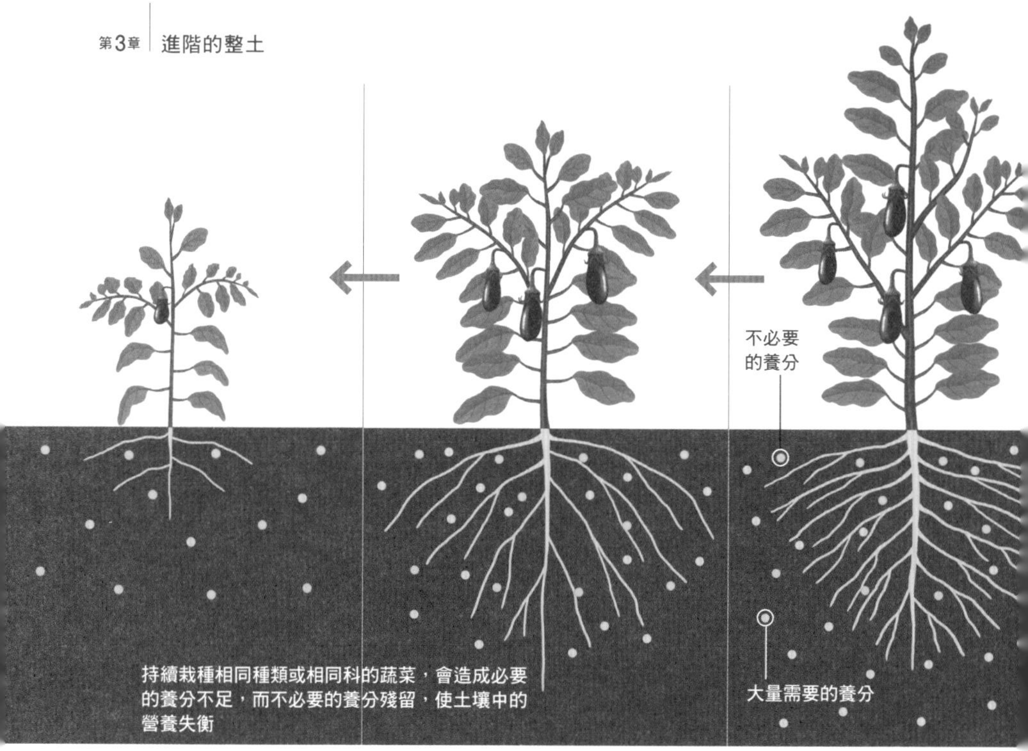

不必要的養分

大量需要的養分

持續栽種相同種類或相同科的蔬菜，會造成必要的養分不足，而不必要的養分殘留，使土壤中的營養失衡

③土壤的養分失衡

蔬菜所需要的養分，會根據蔬菜的種類而異。再加上如果是相同科的蔬菜，所需要的養分也經常類似。因此如果連續栽種相同種類，就會使必要的養分缺乏，不必要的養分殘留在土壤中。結果就會讓土壤中的養分失衡。

蔬菜所吸收的養分，會彼此互相影響。舉例來說，如果土壤中的鉀或鎂過剩，就會讓根部無法吸收鈣。而鈣如果太少，則是會讓植物吸收過多的錳。

所以土壤中的養分一旦失衡，很容易就會引起缺乏症或是過剩症狀，甚至造成生理障礙。除此之外，引起生理障礙會讓蔬菜的體力衰弱，因此也會容易受到病蟲害的侵襲。

此外，連作還會引起特定的微量元素不足或是過剩。這時候就會直接造成缺乏症或是過剩的症狀。

防止連作障礙

①施行輪作

防止連作障礙最基本也是最根本的對策，就是避免在相同場所持續栽種相同的蔬菜，而是要輪流栽種不同的蔬菜種類。這就叫做「輪作」。不過，並不是只要蔬菜的種類不同就好，重點在於要替換栽種蔬菜的科別。像是馬鈴薯、茄子、番茄都是茄科作物，所以應避免連續栽種。

只要栽種不同科的蔬菜，就能避免土壤環境失衡，維持豐富的土壤生物相。同時也能容易取得養分平衡，所以不易引起連作障礙。

每種蔬菜的科別和種類，都有建議間隔栽種的年數（左表）。

在施行輪作時，假設第 1 年的春夏季栽種茄科蔬菜，秋冬季栽種十字花科，第 2 年的春夏可栽種葫蘆科，秋冬為莧科，再於第 3 年的春夏栽種豆科，以這樣的形式輪替。另外也可以將田間事先區分，A 區從茄科開始，B 區從葫蘆科開始栽種，像這樣錯開並選擇每科不同的蔬菜，就能同時栽種各種蔬菜。

另外，在租借的市民農園中，大部分場合都不清楚前一個租借的人種了什麼蔬菜。不過栽種極受歡迎的番茄等茄科作物的可能性極高。在這種情況下，第 1 年則建議栽種玉米。

玉米又有清潔作物（cleaning crop）之稱，能吸收土壤中多餘的肥料。而根部所聚集的微生物種類也完全不同（106 頁）。

田間分區栽種的例子

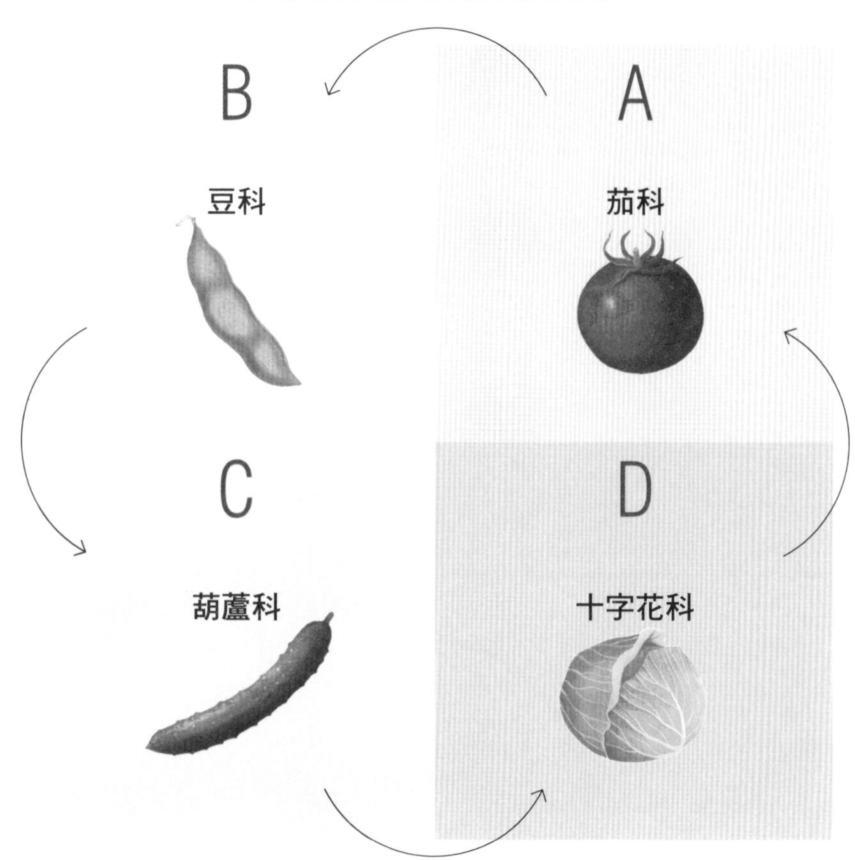

假設將田間分成 4 區，並且輪流更換栽種蔬菜的科別，就能施行輪作，同時避免產生連作障礙。

間隔栽種的建議年數

茄科	3～4 年	番茄、茄子、青椒、馬鈴薯等
葫蘆科	2～3 年	小黃瓜、櫛瓜、苦瓜、西瓜等
十字花科	1～2 年	高麗菜、青花菜、白菜、蕪菁等
豆科	1～2 年	毛豆、四季豆、蠶豆 ※ 豌豆為 4～5 年
石蒜科	2 年	蔥、洋蔥、蒜頭等
莧科	1 年	菠菜 w

② 栽培玉米

若要減輕連作障礙，可在田間栽種大黍（畿尼亞草）、大托葉豬屎豆（紫花野百合）、長柔毛野豌豆等綠肥作物，再切碎拌入土壤中。

然而，在空間有限的家庭菜園中，將一整季用來栽培綠肥卻不太符合現實。這時候只要栽種具有相同作用的玉米，就能夠採收到玉米，同時又得到和綠肥相同的效果。

所有的蔬菜幾乎都是雙子葉植物，而玉米則屬於單子葉植物。由於在基因上相隔較遠，所以從根部所分泌的有機酸完全不一樣，所聚集的微生物種類也截然不同。因此就能避免微生物種類偏頗，減輕連作障礙的情況。

除此之外，由於玉米的吸肥力非常強，所以還能改善養分的失衡。因此能將輪作的期間減少半年左右。

不過當拌入土中的莖葉分解，直到能栽種下一期的蔬菜為止，即使在夏季也需要約 2 個月的時間。

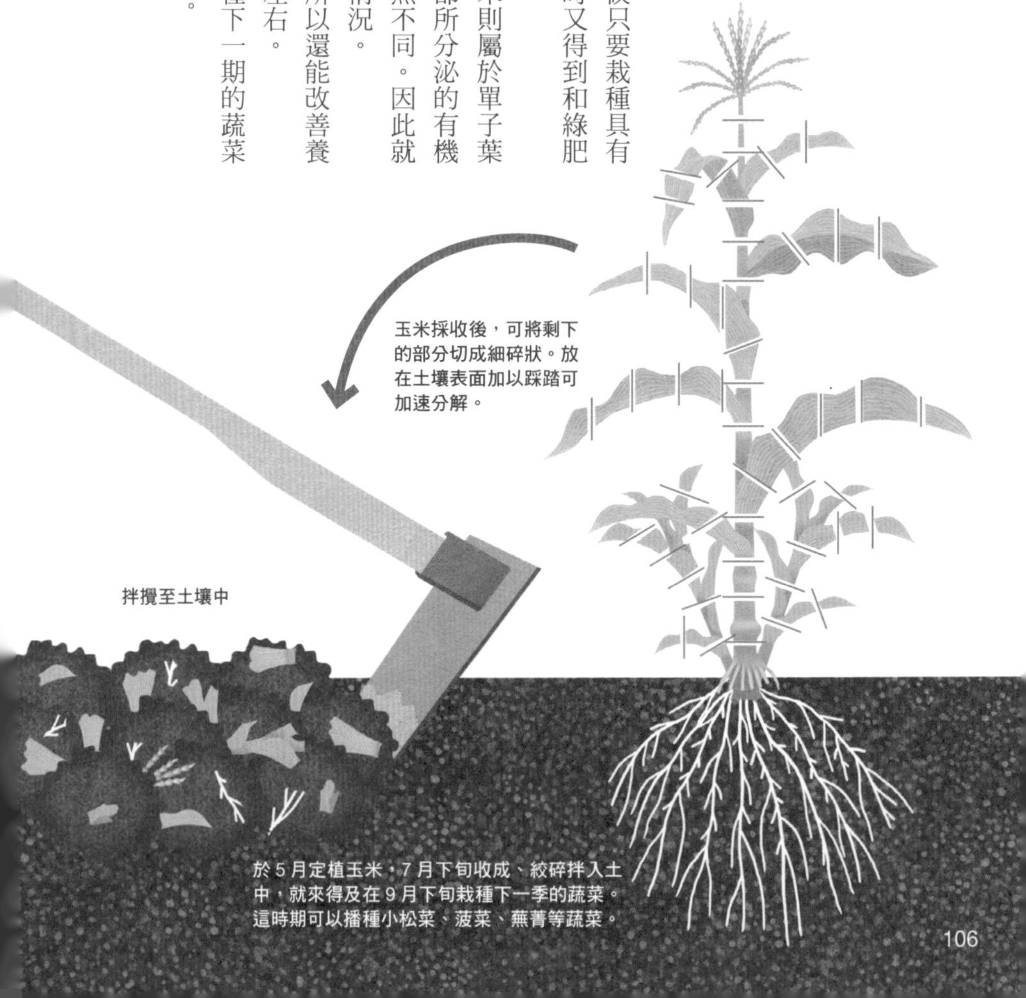

玉米採收後，可將剩下的部分切成細碎狀。放在土壤表面加以踩踏可加速分解。

拌攪至土壤中

於 5 月定植玉米，7 月下旬收成、絞碎拌入土中，就來得及在 9 月下旬栽種下一季的蔬菜。這時期可以播種小松菜、菠菜、蕪菁等蔬菜。

③使用蟹殼肥料

連作障礙的原因之一，就是鐮刀菌所造成的土壤病害，若使用由蟹殼乾燥、粉碎而來的蟹殼肥料，則具有防止此類型土壤病害的效果。

蟹殼含有稱為甲殼素的物質。將蟹殼肥料投入土中，可以讓喜愛吃甲殼素的放線菌急速增加。其實這種土壤病害的病原菌——鐮刀菌的細胞壁也和蟹殼一樣，都是由甲殼素所構成。因此食用甲殼素而增加的放線菌，也會連同鐮刀菌一起吞噬。

鐮刀菌所造成的土壤病害，有白蘿蔔、草莓的黃萎病、四季豆的根腐病、番茄的萎凋病、西瓜的蔓割病等，不過如果是在鐮刀菌增加至一定數量之前，在某種程度上就能夠抑制病害的發生。

不過，蟹殼頂多只是肥料而已。雖然成分根據產品而有差異，不過氮大約含有 4%，而磷的含量從 1% 到甚至 5～6% 之多。應事先確認成分含量的標示，並且調整基肥的量。

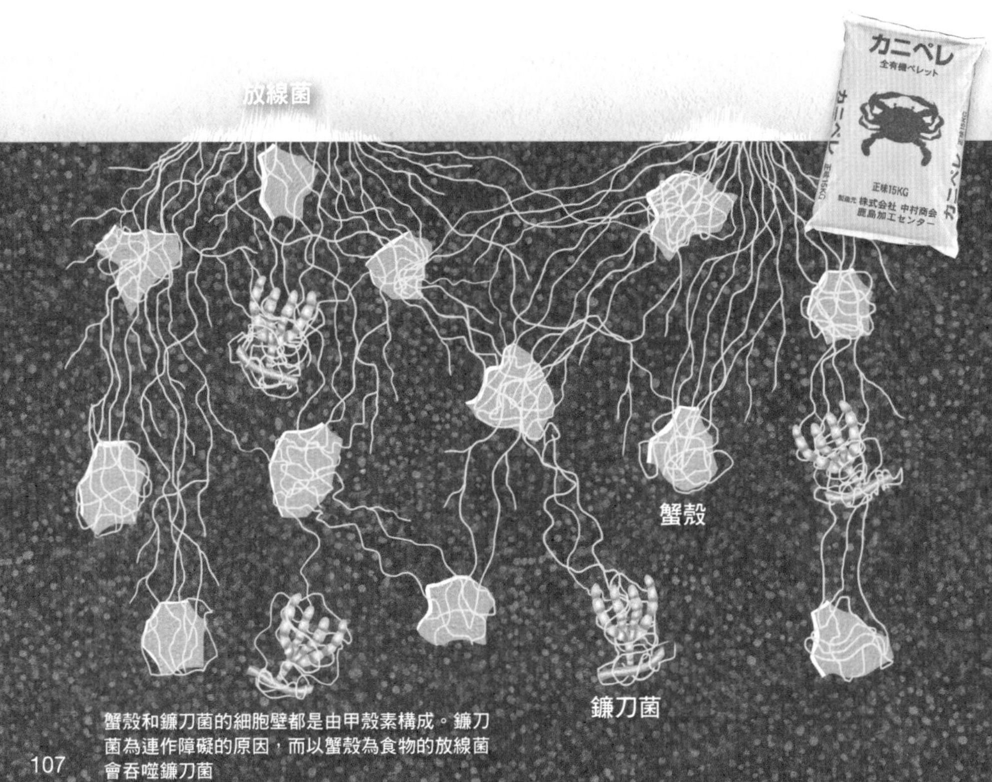

蟹殼和鐮刀菌的細胞壁都是由甲殼素構成。鐮刀菌為連作障礙的原因，而以蟹殼為食物的放線菌會吞噬鐮刀菌

製作自製培養土

需要比田間更好的土壤

就如同第 1 章所述，能培育出活力蔬菜的土壤，應兼具排水性和保水性、優秀的透氣性和保肥力這些條件。在長型菜盆等容器中的栽培，基本上也是一樣。

然而，和能將根系自由伸展至土壤深處的田間相較之下，容器栽培的土壤料有限，根系能伸展的範圍也會受到限制。因此需要比田間更優質的土壤。

其中最重要的就是透氣性。根部生長時，氧氣是不可或缺的，但是在空間受限的容器栽培中，根系很容易纏繞，使根部互相爭奪氧氣而造成氧氣不足。如果土壤的排水性佳，在水分流出時氧氣就會被吸入土中，同時促進排氣性。

如何製作培養土

在家庭菜園育苗時，想必許多人都是用黑軟盆播種。這時候所使用的土壤，或是長型菜盆所使用的土壤，都能用相同方法製作而成。

在栽種的 1 週前左右，可將基底的赤玉土 6～7 成中，加入能改善排水性和透氣性的腐葉土 2～3 成，接著放入 1 成左右的泥炭苔或蛭石當作調整用土，並加以混合。最後在每 10L 混合完成的用土中，加入 5～10 g 的苦土石灰並且攪拌均勻。

赤玉土在園藝店、居家販賣中心或 JA（日本農會）等都有販售，如果買不到的人，也可以用庭園或田間的黑土代替。不過，由於黑土的排水性比赤玉土差，這時候可增加腐葉土的比例。

培養土的配合比例

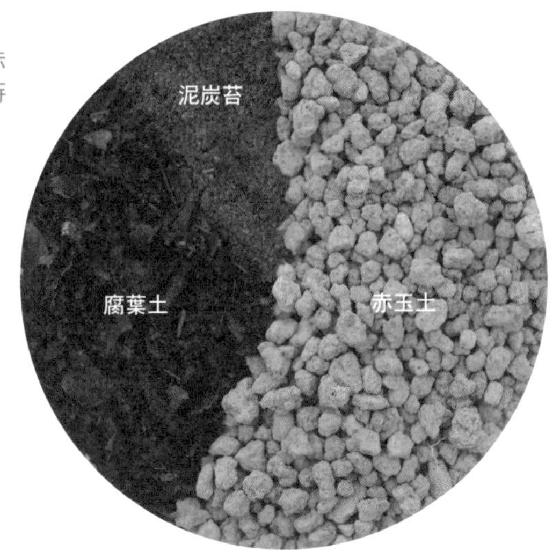

赤玉土 6～7：腐葉土 2～3：泥炭苔（或是蛭石）1

黑土的排水性比赤玉土差，所以可增加腐葉土的比例

黑土 5～6：腐葉土 3～4：泥炭苔（或是蛭石）1

在栽培盆中直接施肥

使用緩效性肥料當作基肥時，若儘早混入培養土中可快速發揮肥效。追肥時建議使用液態肥料。代替澆水施灑能立刻見效，也不用擔心肥傷。和田間不同，由於施用的面積較小，而且平常都要澆水，所以施肥時非常輕鬆方便。

COLUMN
❸

分布於日本的土壤種類

土壤類型根據地區而異

每當到外地走訪時，想必許多人會因為田間土壤的顏色和形狀，和平常所看到的土壤完全不同而驚訝不已吧。

日本雖然面積狹小，但是所分佈的土壤種類卻非常多。在土壤的世界中，大致上可區分成16種，每種性質都有所差異。

農地大多為黑鬆土

最常被利用為農地的土壤（約40%的農地）為「黑鬆土」。

黑鬆土是來自於火山灰的黑色輕質土壤，大面積分佈於關東地區的台地，以及大型火山的附近。而名稱就是來自於土壤所呈現的黑色及蓬鬆的狀態。

特徵是雖然具有極佳的保水性和排水性，不過也富含會吸附磷酸的鋁，因此會讓植物難以吸收到磷。

近畿以西多為褐色森林土

雖然在關東地區、中部地區的內陸區較少，不過分佈於全國各地，尤其是近畿地區以西佔多數的土壤，是表層呈現褐色或暗褐色的「褐色森林土」。這種土壤為酸性，幾乎不含有機物。主要利用於農地。

水稻田主要利用的土壤，為排水性較低的「灰色低地土」、「潛育土」、「多濕黑鬆土」等。

灰色低地土和潛育土屬於沖積土壤，是由河川的作用沖積而成。多濕黑鬆土則是屬於黑鬆土的一種，是來自於火山灰。在北海道、東北及北關東等地區，比較多潛育土的水稻田，而西日本則以灰色低地土的水稻田分佈較廣。

可利用農業環境技術研究所的「土壤情報閱覽系統」，查詢所在地區的土壤類型。不妨當作田間整土或施肥時的參考。

第4章

不同蔬菜的施肥計畫

不同蔬菜的施肥計畫一覽表

想要成功栽培蔬菜，重點在於要根據蔬菜的種類進行施肥管理。將肥料的使用方法分成三種類型，並且為各位介紹15種代表性蔬菜的施肥量。請參考從113頁開始的表格施用肥料。

化成肥料限定派

氮、磷、鉀的含量比例相同，也就是使用8・8・8的普通化成方法。輕鬆又簡單，適合農業新手。
不過蔬菜所需要的肥料成分，其三要素的含量不一定都相同，所以也會有缺乏或是過剩的成分。

化學肥料派

將單肥和8・8・8的普通化成搭配使用。可實現不浪費的合理施肥。

化學＆有機折衷派

化學肥料和有機肥料併用的方法。在土地力不足的田間，如果只使用有機肥料，會因為分解緩慢，以及土壤的保肥力不足而引起肥傷。因此在轉換有機栽培的過渡期，建議基肥可以有機肥料為主，追肥再搭配效果較快的化學肥料。

使用此表格的注意事項

1 施肥量會根據氣候及土質改變。表格是在一般地區（關東地區南部為基準）富含有機物的土壤栽種蔬菜時為參考。另外，在整土時，除了表格內所列出的堆肥外，也應配合作物適合的土壤pH值，並且視情況施用石灰資材。

2 所使用肥料的肥料成分如下。
硫酸銨（N＝21）、過磷酸鈣（P＝17）、硫酸鉀（K＝50）、油粕（N・P・K＝5・2・1）、骨粉（N・P・K＝3・14・0）、魚粕（N・P・K＝6・6・1）

3 施肥量是以影響植物生長最大的氮量計算。因此化成限定派其基肥的磷酸會不夠。若要正確施肥，應用過磷酸鈣補足。此外，鉀的必要量比氮還少的蔬菜，會造成鉀含量過剩。在數次追肥中的其中一次，以硫酸銨或硫酸鉀的組合代替化成肥料，就能調整鉀的含量。

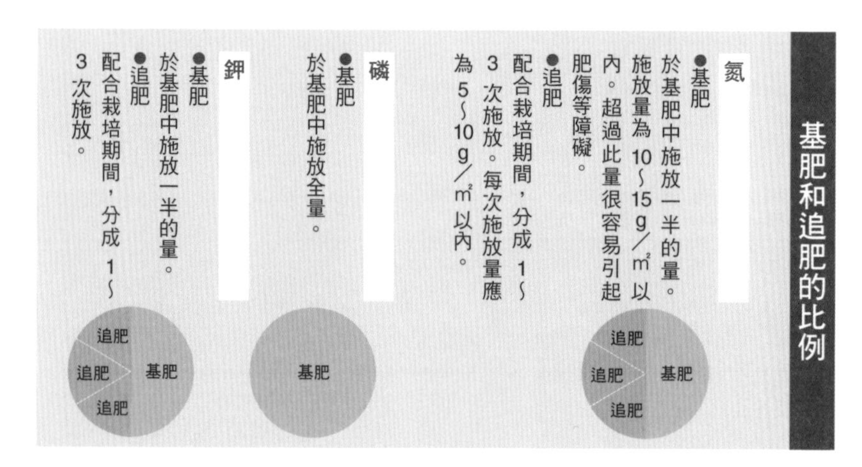

在整個栽培期間
都要確保肥料充足

番茄

適合的環境

番茄的原產地為南美的安地斯高原地帶。因此偏好日照強、降雨少，而且乾燥的環境。

在多雨的日本，建議使用遮雨栽培，可藉此減少病害的發生。

施肥的重點

在莖葉生長的同時會陸續結果實，所以在栽培期間都應避免肥料缺乏。重點在於保持肥料成分的均衡，氮肥太多會造成只有莖葉生長（過於茂盛），不容易開花。

另一方面，若氮太少而磷偏多，雖然開花的結果率高，卻會造成生長衰弱而無法繼續長出花房。

基肥應使用條溝施肥法。在第1花房的果實開始增大後，則是每個月實施一次追肥。

5月上旬定植
採收至8月上旬
左右的情況下

必要的肥料總量
（g／m²）
N＝25
P＝25
K＝20

偏好的土壤pH值
6.0～6.5

	施用於田間的堆肥和肥料量（每m²）		
	整土	基肥	追肥
化成肥料限定派	植物性堆肥2kg	普通化成188g	2次（每次） 普通化成63g
化學肥料派	植物性堆肥2kg	普通化成188g 過磷酸鈣59g	第1次 硫酸銨24g 硫酸鉀10g 第2次 硫酸銨24g
化學&有機折衷派	植物性堆肥或 牛糞堆肥2kg	油粕120g 骨粉100g 魚粕100g 過磷酸鈣15g 硫酸鉀26g	第1次 硫酸銨24g 硫酸鉀10g 第2次 硫酸銨24g

由於栽培期間較長
應定期進行追肥

茄子

適合的環境

茄子的原產地經推測為印度東部。此地區的環境高溫多濕，和日本夏季的氣候類似，可以說是最容易栽培的果菜類。

在果菜類中尤其喜愛高溫，因此絕對不能提早栽種。

施肥的重點

和番茄不同，茄子偏好充足的肥料。莖葉的生長和結果會同時進行，再加上栽培期間也很長，所以應定期進行追肥，避免肥料缺乏。肥料不足會引起生長是衰弱，甚至會影響到結果實的狀況。

不喜愛乾燥，偏好土壤中水分充足的環境。應確實整土，事先提高土壤的保水性。

基肥可用條溝施肥。追肥可在定植1個月後，於每個月實施1次。

5月上旬定植
採收至10月下旬
左右的情況下

必要的肥料總量
（g／㎡）
N＝40
P＝40
K＝30

偏好的土壤pH值
6.0～6.5

	施用於田間的堆肥和肥料量（每㎡）		
	整土	基肥	追肥
化成肥料限定派	植物性堆肥2kg	普通化成188g	2次（每次） 普通化成63g
化學肥料派	植物性堆肥2kg	普通化成188g 過磷酸鈣147g	第1次 硫酸銨24g 硫酸鉀10g 第2次 硫酸銨24g
化學＆有機折衷派	植物性堆肥或 牛糞堆肥2kg	油粕120g 骨粉100g 魚粕100g 過磷酸鈣104g 硫酸鉀26g	第1次 硫酸銨24g 硫酸鉀10g 第2次 硫酸銨24g

肥料過剩會造成
採收狀況差

馬鈴薯

適合的環境

馬鈴薯的原產地是南美安地斯山脈的高地。偏好涼爽氣候，不耐夏季高溫或是會下霜的低溫。在貧瘠的土地也能栽培。喜好稍微偏酸性的土壤，若土壤偏向鹼性則容易罹患黑斑病。

施肥的重點

不需要太多的肥料。要注意肥料過剩會造成葉片過於茂密，使馬鈴薯的收成狀況變差。

尚未成熟的堆肥，是造成馬鈴薯表面粗糙的原因。堆肥應於前一作或是栽種前1個月以上施放。石灰資材也會造成表面粗糙。酸性土壤需要改良時，應注意施放量以避免偏向鹼性，並且儘早施放，讓石灰資材能充分溶解於土壤中。

基肥應採用全面施肥法。追肥可在植株高度達到10～15cm時，施放1次即可。

3月上旬定植
6月中旬～下旬
採收的情況下

必要的肥料總量（g／m²）
N＝20
P＝25
K＝20

偏好的土壤pH值
5.5～6.0

	施用於田間的堆肥和肥料量（每m²）		
	整土	基肥	追肥
化成肥料限定派	堆肥等應於前作施放	普通化成188g	1次即可 普通化成63g
化學肥料派	堆肥等應於前作施放	普通化成188g 過磷酸鈣59g	1次即可 硫酸銨24g 硫酸鉀10g
化學＆有機折衷派	堆肥等應於前作施放	油粕100g 骨粉100g 硫酸銨19g 魚粕50g 過磷酸鈣35g 硫酸鉀27g	1次即可 硫酸銨24g 硫酸鉀10g

重點在於
均衡施肥

小黃瓜

適合的環境

小黃瓜的原產地在印度西北部的喜馬拉雅山麓地帶。不耐低溫，也不太能忍受日本的夏季高溫。喜愛日照和濕潤的環境。根系伸展較淺，在容易乾燥的梅雨季節過後要特別注意。

雖然不挑土質，不過富含有機質的土壤，比較能栽種成功。

施肥的重點

小黃瓜會不斷伸展枝蔓，並且陸續結果實，因此絕對不能缺肥。應定期進行追肥，讓肥料均衡發揮作用。

另外，應確實整土以防止缺肥或乾燥，並且提高保肥力和保水性。

基肥以條溝施肥法進行。而追肥則是在定植 1 個月後，每個月施放 1 次。

5 月上旬定植
採收至 7 月中旬
左右的情況下

必要的肥料總量
（g／㎡）
N = 20
P = 20
K = 15

偏好的土壤 pH 值
6.0 ～ 6.5

	施用於田間的堆肥和肥料量（每㎡）		
	整土	基肥	追肥
化成肥料限定派	植物性堆肥 2kg	普通化成 125g	2 次（每次） 普通化成 63g
化學肥料派	植物性堆肥 2kg	普通化成 125g 過磷酸鈣 59g	第 1 次 硫酸銨 24g 硫酸鉀 10g 第 2 次 硫酸銨 24g
化學＆有機折衷派	植物性堆肥或 牛糞堆肥 2kg	油粕 100g 骨粉 100g 魚粕 34g 過磷酸鈣 12g 硫酸鉀 17g	第 1 次 硫酸銨 24g 硫酸鉀 10g 第 2 次 硫酸銨 24g

著果後追肥
能增大果實

西瓜

適合的環境

西瓜的原產地在非洲南部的喀拉哈里沙漠一帶。偏好高溫、日照充足且乾燥的環境，不耐下雨過後總是潮濕的土壤。

如果是排水性佳的砂質土，就能順利栽種。

施肥的重點

生長初期如果氮肥效力過猛，會徒讓莖葉生長而無法結果實，應注意避免施放過量。

著果後，肥料的吸收量會急速增加。這個時期一旦缺肥，就會無法讓果實增大，所以追肥的時機非常重要。

可將土壤堆成山形，作成圓台狀的高畦，並將基肥施放於畦的底部。

追肥可在苗株存活，並且開始伸展藤蔓後施放第 1 次，接著在西瓜果實長成棒球大小後施放第 2 次。

4 月下旬定植
7 月上旬～下旬
採收的情況下

必要的肥料總量（g／m²）
N ＝ 15
P ＝ 20
K ＝ 15

偏好的土壤 pH 值
6.0 ～ 6.5

	施用於田間的堆肥和肥料量（每m²）		
	整土	基肥	追肥
化成肥料限定派	植物性堆肥 2kg	普通化成 63g	2 次（每次） 普通化成 63g
化學肥料派	植物性堆肥 2kg	普通化成 63g 過磷酸鈣 88g	2 次（每次） 硫酸銨 24g 硫酸鉀 10g
化學＆有機折衷派	植物性堆肥或 牛糞堆肥 2kg	油粕 40g 骨粉 40g 魚粕 30g 過磷酸鈣 69g 硫酸鉀 9g	2 次（每次） 硫酸銨 24g 硫酸鉀 10g

吸肥力強
少量肥料也能栽培

玉米

適合的環境

玉米的原產地在非洲大陸的熱帶地區。喜好高溫、日照充足、排水良好的地方。

由於連作障礙較少，所以可以栽種於和前一年同樣的位置。另外，由於玉米的吸肥力強，所以若栽培於肥料過剩的農地，有清掃土壤的作用。

施肥的重點

玉米本身的吸肥力強，就算肥料少也能栽培。

雖然偏好排水良好的土壤，不過一旦水分不足，就會使玉米粒的品質下降。為了同時提升土壤的排水性和保水性，在整土時應充分混合大量的有機物。

不需施放追肥，用基肥就能栽培。

雖然全面施肥或條溝施肥都無所謂，不過條溝施肥比較不會浪費肥料。

4月下旬～5月上旬播種，7月上旬～8月中旬採收的情況下

必要的肥料總量（g／㎡）
N＝15
P＝15
K＝10

偏好的土壤 pH 值
6.0～6.5

	施用於田間的堆肥和肥料量（每㎡）		
	整土	基肥	追肥
化成肥料限定派	植物性堆肥 2kg	普通化成 188g	無
化學肥料派	植物性堆肥 2kg	普通化成 125g 硫酸銨 24g 過磷酸鈣 29g	無
化學＆有機折衷派	植物性堆肥或牛糞堆肥 2kg	油粕 50g 骨粉 50g 魚粕 100g 硫酸銨 24g 過磷酸鈣 6g 硫酸鉀 17g	無

避免肥料過量，以少量的肥料緩慢發揮肥效

白蘿蔔

適合的環境

白蘿蔔的原產地在中亞一帶。偏好較涼爽的氣候。

為了讓根部能順利往下伸展，適合耕作層較深、充分耕耘的柔軟土壤。不耐過於潮濕的土壤。

施肥的重點

避免肥料過剩，在整個栽培期間應分次少量施肥，使肥效慢慢發揮作用。

土壤中若殘留尚未發酵完成的堆肥，會造成根部表皮粗糙，所以堆肥應在前作施放。石灰資材也會造成表面粗糙，在播種前應間隔充分的時間施放。

基肥採用全面施肥，並且充分和土壤混合。若要使用有機肥料時，應在播種的2～3週前施放，以保持平滑乾淨的表皮。追肥施放1次即可，應於間拔至1株時施放。

8月下旬播種
10月上旬～11月上旬
採收的情況下

必要的肥料總量
（g／㎡）
N＝15
P＝20
K＝15

偏好的土壤pH值
5.5～6.5

	施用於田間的堆肥和肥料量（每㎡）		
	整土	基肥	追肥
化成肥料限定派	堆肥等應於前作施放	普通化成125g	1次即可 普通化成63g
化學肥料派	堆肥等應於前作施放	普通化成125g 過磷酸鈣59g	1次即可 硫酸銨24g 硫酸鉀10g
化學＆有機折衷派	堆肥等應於前作施放	油粕100g 骨粉100g 魚粕34g 過磷酸鈣41g 硫酸鉀17g	1次即可 硫酸銨24g 硫酸鉀10g

吸肥力旺盛
需要大量肥料

高麗菜

適合的環境

高麗菜源自於歐洲的西部或南部的海岸地帶自生的原始型羽衣甘藍，因此偏好涼爽的氣候。在高溫多濕的環境下容易腐爛。另一方面耐寒性強，能抵抗至零下4℃的低溫。

施肥的重點

吸肥力旺盛，所以需要相當大量的肥料。由於高麗菜是採收葉片的蔬菜，所以不只是氮肥，同時也要均衡施放磷和鉀肥，才能順利栽培。

基肥採用條溝施肥。為了促進結球，重點在於藉由適當的施肥促進初期生長，才能使外圍的葉片儘早展開。所以基肥如果使用有機肥料時，應加入少量化學肥料以促進肥效。

追肥可於定植4週後施放第1次，開始結球後施放第2次。

〔8月中旬～下旬定植
10月下旬～12月上旬
採收的情況下〕

必要的肥料總量
（g／㎡）
N＝25
P＝25
K＝20

偏好的土壤pH值
5.5～6.5

	施用於田間的堆肥和肥料量（每㎡）		
	整土	基肥	追肥
化成肥料限定派	植物性堆肥2kg	普通化成188g	2次（每次） 普通化成63g
化學肥料派	植物性堆肥2kg	普通化成188g 過磷酸鈣59g	第1次 硫酸銨24g 硫酸鉀10g 第2次 硫酸銨24g
化學＆有機折衷派	植物性堆肥或牛糞堆肥2kg	油粕100g 骨粉100g 魚粕50g 硫酸銨19g 過磷酸鈣35g 硫酸鉀27g	第1次 硫酸銨24g 硫酸鉀10g 第2次 硫酸銨24g

生長初期應注意
氮肥過量

青花菜

適合的環境

青花菜的祖先和高麗菜一樣，都是羽衣甘藍的原始型植物，在途中分化而來。因此特性也和高麗菜類似。偏好涼爽氣候，不耐高溫多濕。

低溫能促進花芽分化，結出花蕾。

施肥的重點

整個栽培期間都應確保肥料充足。不過當磷酸不足，或是生長初期的氮肥效力過猛，會不斷長出莖葉，而無法結成食用部位的花蕾。因此在前一作的土壤中殘留氮肥時，應減少基肥的氮含量。

基肥採用條溝施肥。追肥施放的時期，建議在定植的1週後，不過也可觀察植株的狀況調整。若植株生長旺盛，可減少施肥量或稍微延緩追肥時期。

8月上旬～下旬定植
10月下旬～11月下旬
採收的情況下

必要的肥料總量
（g／m²）
N＝15
P＝15
K＝15

偏好的土壤pH值
6.0～6.5

	施用於田間的堆肥和肥料量（每m²）		
	整土	基肥	追肥
化成肥料限定派	植物性堆肥1kg	普通化成125g	1次即可 普通化成63g
化學肥料派	植物性堆肥1kg	普通化成125g 過磷酸鈣29g	1次即可 硫酸銨24g 硫酸鉀10g
化學＆有機折衷派	植物性堆肥或牛糞堆肥1kg	油粕50g 骨粉50g 魚粕50g 硫酸銨14g 過磷酸鈣24g 硫酸鉀18g	1次即可 硫酸銨24g 硫酸鉀10g

促進初期生長
栽培出大片的外葉

大白菜

適合的環境

大白菜是在中國栽培、改良而來的蔬菜。其祖先經推測是自生於東、北歐到土耳其高原的植物。偏好涼爽氣候，結球的適溫為15～16℃。雖然比較耐乾燥，不過秋天的雨季或是田間排水不良的話，很容易引起根腐症狀。

施肥的重點

由於吸肥力較強，應避免肥料缺乏，均衡施放氮、磷、鉀肥。

若要採收飽滿肥大的白菜，重點在於藉由適當的施肥促進初期生長，栽培出大片的外葉。

基肥應採用條溝施肥。使用有機肥料時，可加入少許速效性的化學肥料，以促進初期生長。

追肥可在長出本葉7～8片時施放第1次，開始結球時施放第2次。

8月中旬～下旬定植
11月上旬～12月下旬
採收的情況下

必要的肥料總量
（g／㎡）
N＝20
P＝25
K＝20

偏好的土壤pH值
6.0～6.5

	施用於田間的堆肥和肥料量（每㎡）		
	整土	基肥	追肥
化成肥料限定派	植物性堆肥2kg	普通化成125g	2次（每次） 普通化成63g
化學肥料派	植物性堆肥2kg	普通化成125g 過磷酸鈣88g	2次（每次） 硫酸銨24g 硫酸鉀10g
化學&有機折衷派	植物性堆肥或牛糞堆肥2kg	油粕100g 骨粉100g 魚粕34g 過磷酸鈣41g 硫酸鉀17g	2次（每次） 硫酸銨24g 硫酸鉀10g

初期發揮磷肥作用
促進根部肥大

蕪菁

適合的環境

蕪菁的原產地經推測為地中海沿岸至中亞一帶。偏好涼爽氣候，雖然耐寒冷，卻不耐高溫和乾燥。容易發生根瘤病，如果前作栽種的是十字花科的蔬菜，同樣的場所就不適合栽種蕪菁。

施肥的重點

應均衡施放氮、磷、鉀肥。在生長初期充分發揮磷肥效用，能促進根部肥大。

若未發酵完成的堆肥或石灰資材接觸到根部，會使蕪菁表面粗糙，所以堆肥應在前作事先施放。若需要改良酸性土壤時，應於播種的2週前施撒苦土石灰。

施肥只需要基肥就好，並採用全面施肥。使用有機肥料時，若沒有和土壤充分混合，就無法栽種出表皮乾淨的蕪菁，所以應於播種前2～3週施放。

9月上旬播種
11月上旬～下旬
採收的情況下

必要的肥料總量
（g／m²）
N = 10
P = 10
K = 10

偏好的土壤 pH 值
5.5 ～ 6.5

	施用於田間的堆肥和肥料量（每m²）		
	整土	基肥	追肥
化成肥料限定派	堆肥等應於前作施放	普通化成 125g	無
化學肥料派	堆肥等應於前作施放	普通化成 125g	無
化學＆有機折衷派	堆肥等應於前作施放	油粕 40g 骨粉 40g 魚粕 40g 硫酸銨 21g 過磷酸鈣 7g 硫酸鉀 18g	無

需要多於
吸收量的肥料

紅蘿蔔

適合的環境

紅蘿蔔的原產地在中亞的阿富汗一帶。偏好涼爽氣候，當氣溫超過21℃以上會讓生長衰弱，容易罹病。

適合栽種於富含有機質、排水量好，以及充分耕耘的鬆軟土壤。

施肥的重點

雖然肥料的吸收量並不多，但是土壤中的肥料要達到一定濃度才能吸收。因此必須要施放超過吸收量的肥料。

紅蘿蔔不喜愛乾燥或是缺肥，所以應確實進行整土。不過，未發酵完成的堆肥是根部分岔的原因，所以堆肥建議在前作施放，或是在播種前的2個月以上以條溝施肥。

基肥採用全面施肥，使用有機肥料時，可在播種前的2～3週左右施放。追肥可在本葉長出6～7片時施放。

7月中旬～下旬播種
11月上旬～12月中旬
採收的情況下

必要的肥料總量
（g／㎡）
N＝15
P＝20
K＝15

偏好的土壤pH值
5.5～6.5

	施用於田間的堆肥和肥料量（每㎡）		
	整土	基肥	追肥
化成肥料限定派	堆肥等應於前作施放	普通化成 125g	1次即可 普通化成 63g
化學肥料派	堆肥等應於前作施放	普通化成 125g 過磷酸鈣 59g	1次即可 硫酸銨 24g 硫酸鉀 10g
化學＆有機折衷派	堆肥等應於前作施放	油粕 100g 骨粉 100g 魚粕 34g 過磷酸鈣 12g 硫酸鉀 17g	1次即可 硫酸銨 24g 硫酸鉀 10g

只用基肥栽培
要注意肥料過量

菠菜

適合的環境

菠菜的原產地在中亞至西亞一帶。偏好涼爽氣候，當氣溫達到25℃以上就會使生長衰弱、容易罹病。另一方面，菠菜非常耐寒，在零下10℃的環境都能生長。

雖然不喜愛乾燥，但是排水不良時也會妨礙生長。不耐酸性土壤，適合的土壤pH值為6.5～7.5。

施肥的重點

菠菜為採收葉片的蔬菜，所以從生長初期開始就應避免氮肥缺乏。

由於栽培期間較短，因此施放基肥就能栽培，不過為避免肥料過量，訣竅在於慢慢地使肥料發揮效用。

所以應確實整土以提高保肥力，同時改善保水性和排水性。另外還要調查土壤的pH值，必要時施放石灰資材。

基肥採用全面施肥。

秋天播種
冬天採收的情況下

必要的肥料總量
（g／m²）
N＝15
P＝15
K＝10

偏好的土壤pH值
6.6～7.5

	施用於田間的堆肥和肥料量（每m²）		
	整土	基肥	追肥
化成肥料限定派	植物性堆肥2kg	普通化成188g	無
化學肥料派	植物性堆肥2kg	普通化成125g 硫酸銨24g 過磷酸鈣29g	無
化學&有機折衷派	植物性堆肥或牛糞堆肥2kg	油粕50g 骨粉50g 魚粕100g 硫酸銨24g 過磷酸鈣6g 硫酸鉀17g	無

氮肥太多會使
豆莢數量減少

毛豆

適合的環境

毛豆就是尚未成熟的黃豆。黃豆來自於中國東北部一帶。

偏好溫暖且稍微潮濕的環境。在開花期間，不論是高溫或低溫都會影響開花，無法順利長出豆莢。另外，這個時期的土壤乾燥也會減少豆莢數量，或是增加空的豆莢數。

施肥的重點

和根部共生的根瘤菌，能固定空氣中的氮並且供給根部，所以栽培的重點在於減少氮肥。如果氮肥太多會讓莖葉過於茂盛，而無法順利結出豆莢。

施肥時應均衡施放少量的氮，以及磷和鉀。基肥採用全面施肥，基本上不需要追肥。

田間土壤須具備保水性和排水性，應確實做好整土作業。

4月下旬定植
或是4月中旬播種
7月中旬～8月上旬
採收的情況下

必要的肥料總量
（g／㎡）
N＝5
P＝12
K＝5

偏好的土壤 pH 值
6.0～6.5

	施用於田間的堆肥和肥料量（每㎡）		
	整土	基肥	追肥
化成肥料限定派	植物性堆肥 1kg	普通化成 63g	無
化學肥料派	植物性堆肥 1kg	普通化成 63g 過磷酸鈣 41g	無
化學＆有機折衷派	植物性堆肥或牛糞堆肥 1kg	油粕 40g 骨粉 40g 魚粕 30g 過磷酸鈣 22g 硫酸鉀 9g	無

開始旺盛生長後
即可施以追肥

豌豆

適合的環境

和麥類一樣，是自古以來就在中東、近東及地中海沿岸地區栽培至今的植物。偏好涼爽氣候，從幼苗的狀態就能忍受0℃以下的低溫。

不喜歡酸性土壤，適合的土壤pH值為6.5～7.5。在豆科中是最容易出現連作障礙的作物。一旦栽種豆科作物後，應間隔4～5年的時間栽種其他科的蔬菜。

施肥的重點

根瘤菌能固定空氣中的氮並提供給根部，因此幾乎不需要氮肥。若氮肥施用過量，會讓莖葉生長過於茂盛，而無法長出豆莢。

豌豆不喜歡過於潮濕，確實進行整土以提高排水性和保水性。酸性土壤的改良也非常重要。

基肥採用全面施肥。追肥可在進入3月，當生長開始變得旺盛後，於每個月施放1次追肥。

10月中旬～
11月上旬播種
4月中旬～6月上旬
採收的情況下

必要的肥料總量
（g／㎡）
N＝20
P＝20
K＝20

偏好的土壤pH值
6.5～7.5

	施用於田間的堆肥和肥料量（每㎡）		
	整土	基肥	追肥
化成肥料限定派	植物性堆肥1.5kg	普通化成100g	3次（每次）普通化成50g
化學肥料派	植物性堆肥1.5kg	普通化成100g 過磷酸鈣71g	3次（每次） 硫酸銨19g 硫酸鉀8g
化學&有機折衷派	植物性堆肥或牛糞堆肥1.5kg	油粕100g 骨粉100g 魚粕34g 過磷酸鈣12g 硫酸鉀17g	2次（每次） 硫酸銨24g 硫酸鉀10g

PROFILE

加藤哲郎 (Katou Tetsuo) 監修

東京都出生。東京農工大學農學部農學科畢業後，進入東京都廳。就職於東經度農業試驗場（現為東京都農林綜合研究中心）。之後在金澤學院短期大學擔任教授。目前為明治大學兼任講師、法政大學兼任講師、成城大學外聘講師。著有『用土和肥料的挑選、使用方法』、『土壤肥料用語事典』（共著）、『不可不知的土壤和肥料基礎知識』、『土壤和肥料的實踐活用』等書籍。

TITLE

超圖解！土壤與肥料

STAFF

出版	瑞昇文化事業股份有限公司
監修	加藤哲郎
譯者	元子怡
總編輯	郭湘齡
文字編輯	徐承義　蔣詩綺　李冠緯
美術編輯	孫慧琪
排版	菩薩蠻電腦科技有限公司
製版	印研科技有限公司
印刷	桂林彩色印刷股份有限公司
法律顧問	立勤國際法律事務所　黃沛聲律師
戶名	瑞昇文化事業股份有限公司
劃撥帳號	19598343
地址	新北市中和區景平路464巷2弄1-4號
電話	(02)2945-3191
傳真	(02)2945-3190
網址	www.rising-books.com.tw
Mail	deepblue@rising-books.com.tw
本版日期	2021年1月
定價	320元

ORIGINAL JAPANESE EDITION STAFF

デザイン	西野直樹（コンボイン）
編集協力	有竹緑
イラスト	山田博之
写真	片岡正一郎、鈴木誠、高橋稔、瀧岡健太郎、家の光写真部
校正	佐藤博子
DTP制作	天龍社

國家圖書館出版品預行編目資料

超圖解!土壤與肥料 / 加藤哲郎監修 ; 元子怡譯. -- 初版. -- 新北市 : 瑞昇文化, 2019.04
128 面 ; 14.8 x 21公分
譯自 : いちばんよくわかる超図解土と肥料入門
ISBN 978-986-401-324-1(平裝)
1.土壤 2.肥料
434.2207　　108004165